スマホだけ
×
顔出しなし

隠れYouTuberで毎月3万円を稼ぐ

インプリメント株式会社
木村博史

「隠れYouTuber」とは？

顔出しなし

Point① 身バレしない
Point② 企画で勝負できる
Point③ 気軽に取り組める

スマホだけ

Point① 高額機材がいらない
Point② いつでも撮影できる
Point③ 質の高い編集も可能

ふつうのYouTuberだと……
×顔出しありだから会社や学校にバレるかも……
×高額なカメラや編集機材が必要に……
×顔出しありだとルックスで判断されることも……

だから

身バレせずに初期費用もかからない！
気軽に始められるYouTuberなのです。

隠れ YouTuber

㊎ 5つの動画スキルで毎月3万円を稼げるようになる!

隠れ YouTuber

隠れ YouTuber

- 企画 53ページ
- ストーリー 87ページ
- 撮影 111ページ
- 編集 147ページ
- アップロード設定 187ページ

＋ 裏ワザも公開

数多くのYouTubeチャンネルをサポートしてわかった再生回数を伸ばすためのテクニックをまとめました

こんな人にオススメ!

① 顔出しせずにYouTube動画で収益を得たい

本書は「顔出しなし」のなかでも、簡単に取り組めるVlog動画やペット動画、ハウツー動画などのジャンルに特化。収益を得るために必要な取り組みを理解できる。

② 動画スキルをゼロから学びたい

企画、ストーリー、撮影、編集、アップロード設定まで一貫して説明した数少ない書籍。テレビやラジオなどプロフェッショナルが使っている技術を3時間程度で手に入れられる。

③ 本業プラスαのお小遣いが欲しい

毎月３万円を得るためには、再生回数やチャンネル登録者を増やすことが必須。YouTubeチャンネルをコンサルティングしてきた経験から、視聴者に選ばれる動画の作り方を伝授する。

はじめに

皆さんは毎月３万円、いまよりも生活資金が増えたらなにをしますか？

・好きなファッションや美容をもっと楽しみたい
・夫婦で海外旅行に行きたい
・英会話や資格試験のスクールに通いたい
・奨学金の返済資金に充てたい
・子どもの塾代や習い事にお金をかけたい
・夏休み、冬休みの家族旅行の資金にしたい

年齢や独身か既婚、お子さんがいるかどうかなどによって違うでしょうが、さまざまな願望が皆さんの頭のなかを巡ったのではないでしょうか。

毎月１万円増えてもそれほど生活には余裕は感じられないけど、毎月３万円の収入が増えれば、いままでできなかったことにお金をかけられる。

生活はずっと楽に、そして充実するはずですよね。

本書は毎月3万円の副収入をYouTube動画の投稿で実現する方法を解説します。

ただのYouTube動画の投稿ではありません。

「顔出しなし」、「スマホだけ」でYouTube動画を投稿する方法（＝隠れYouTuber）に特化しています。詳しくは本書で解説しますが、

顔出しをしないため、周囲にYouTube動画を投稿していることをバレずに気軽に始められるのが大きな特徴です。

また、**スマホだけでYouTube動画を投稿するので、初期費用はほとんどかかりません。** いつでもどこでも、仕事終わりのちょっとした時間を活用しながら取り組めることもメリットのひとつです。

つまり、誰にも知られることなく、こっそりと活動しながら着実に副収入を得られる。それが、「隠れYouTuber」の醍醐味です。

ここまでお伝えすると、「顔出しなし」、「スマホだけ」で本当に毎月3万円を稼げるのかと疑問に思う人がいらっしゃるかもしれません。

この疑問に答えるために、少し私の話をさせてください。

私はインプリメント株式会社で取締役社長を務める、クリエイティブディレクターの木村博史と申します。長年テレビや広告などの動画制作に携わり、最近では時代の変化を受けて、YouTuberを目指す人に向けて講演会やYouTubeスクールを開催するなど幅広く活動しています。

とくに近年力を入れている業務のひとつがYouTubeチャンネルの運営をコンサルティングすることです。

私がこれまでにサポートしてきたYouTubeチャンネル数は1000超。そのなかには、アナウンサーやタレントなどの芸能人が出演するYouTubeチャンネル、大手企業が展開するYouTubeチャンネルも含まれています。手前味噌な言い方になりますが、日本で最もYouTubeチャンネルをコンサルティングしてきた人物のひとりだと自負しています。

さて、これまでの私の経験からお伝えすると、「顔出しなし」と「スマホだけ」でYouTube動画を投稿して収益化、さらには毎月3万円以上の収入を得ることは決して難しいことではありません。

というのも、YouTubeは一般の人が活躍していることからもわかる通り、知名度やルックスなどは必ずしも求められません。それよりも、最近では動画コンテンツの内容がより重視される傾向にあり、「顔出し」の有無は再生回数にあまり関係ないのです。

実際に、私が主宰したYouTubeスクールの生徒さんのなかに、**「顔出しなし」で毎月3万円以上の収益を得ている人＝隠れYouTuberで活動している人は少なくありません。**

また、収益化するためには定期的に動画をアップしていく必要があることから、スキマ時間で作業できるスマホを使うことはむしろ大きなアドバンテージと言えます。

ただし、やみくもに動画をアップし続ければ、収益化するという簡単な世界ではないことも事実です。

詳細は本書で述べていきますが、YouTubeでは"面白い動画"をアップすれば、再生回数が上がるわけではないのです。

たとえば、市場から求められている動画ネタを探したり、BGMやテロップ、撮影方法を工夫して視聴者に伝わりやすい動画を作ったりといった知識やテクニックがYouTube動画の制作には欠かせません。

再生回数を増やすためにはどうすればいいのか。チャンネル登録者を増やすためにはどうすればいいのか。**本書は、これまで私が数多くのYouTubeチャンネルをサポートするなかで得られたノウハウを余すことなくまとめました。**これからYouTube動画を始めようとしている人にだけではなく、いままで独学でYouTube動画を投稿してきた人にとっても役立つ内容となっています。テレビ業界で培った企画や撮影、編集の技術を一般の人でも簡単に実践できるようにわかりやすく解説している点で、他の書籍との違いを感じられることでしょう。

本書が皆さんの生活を豊かにする一助となれば、著者としてこれ以上嬉しいことはありません。

インプリメント株式会社　取締役社長　クリエイティブディレクター

木村博史

CONTENTS

隠れ YouTuber

隠れ YouTuber

第1章

本格的に始める前に確認!

YouTube動画で賢く稼ぐためのお金の知識

第2章

顔出しなしでも再生回数が伸びる!

隠れYouTuberが知っておくべき動画企画の作り方

第3章

初心者でも簡単に作れる
「共感」を得る動画ストーリーの作り方

#隠れ YouTuber

第4章

顔出しなし×スマホだけ

ゼロから始める
YouTube動画撮影

#隠れ YouTuber

#隠れ YouTuber

第5章

“魅せる動画”に大変身!

スマホ無料アプリでできる簡単編集テク

第6章

稼いでいるYouTuberは皆している!

結局、SEO対策が再生回数を決める

隠れ YouTuber

隠れ YouTuber

隠れ YouTuber

顔出しをしない&
初期費用もかからない

序章

なぜ、隠れYouTuberは稼げるのか!?

#隠れ YouTuber

身バレの不安なし&
高額機材必要なし
「隠れ YouTuber」はリスクがない!

#隠れ YouTuber

#隠れ YouTuber

▶顔出しをしないから、会社や友人に身バレしない

YouTube動画を投稿したいと思っても、「学校や会社、ご近所さんに身バレしてしまうのではないか不安だ」という声をよく耳にします。もしかしたら、本書を手に取った皆さんもそうかもしれませんね。

身バレとは、名前や住所などの個人情報が知られてしまうことですが、その大きな原因は顔の特定です。動画に顔が映って本人だとバレてしまうのです。

身バレしたくない。だけどYouTubeで動画投稿したいという人にオススメするのが顔出しをしないYouTuberです。顔出しをしないのですから、身バレのリスクは圧倒的に下げられます。実名などを公開しなければ、下手な動画を投稿して失敗しても誰もあなたを笑うような人はいませんし、一方で成功して有名人になっても実生活で見知らぬ人から声をかけられるといった影響が出るようなこともありません。

顔出しせずに気軽に動画を投稿できるYouTuber、それを本書では「隠れYouTuber」と呼び、話を進めていきます。

ただ、YouTubeに詳しい人なら、顔出しをしないYouTube動画で果たして人気を集められるのかと疑問に思うかもしれません。YouTubeでは顔を出すことによって、視聴者との距離感が近くなったり、制作できる動画ジャンルも幅広くなったりするからです。

しかし、現実にはアニメーション動画だったり、いわゆる「ゲーム実況」と呼ばれる動画だったり、顔出しなしのYouTube動画が高い人気を集めています。

ですから顔出ししないことが、チャンネル登録者数を増やしたり、再生時間を増やしたりするうえで不利になるということは決してありません。顔出しをしないスタイルのなかでも、本書では①体を映すだけ、②動物や景色をメインに撮影する、といった気軽に取り組める方法に特化。顔出しなしでも活躍できるYouTuberのなり方を解説していきます。

▶スマートフォンが1台あれば、魅力的な動画を作れる

YouTubeを始める際のもうひとつの高いハードルが撮影機材の問題です。YouTubeで動画投稿を始める人のなかには、専用のカメラやマイク、PCソフトなど高額な機材を集めなければ、YouTube動画は投稿できないと思っている人がよくいらっしゃるのです。

実際のところ、現在ではスマートフォン（スマホ）が1台あれば、YouTubeに投稿する動画は簡単に作ることができます。スマホのビデオ録画機能は日を追うごとに向上しており、最近では映画やミュージックビデオをスマホで撮影した作品がリリースされているほどです。

もし所有しているスマホの型が古かったとしても、動画が撮れればOKです。なぜなら動画編集アプリ（無料）を使えば、効果的なBGMや字幕、画面の拡大や切り替えなどができるからです。詳しくは第5章で説明しますが、スマホには優れた機能をたくさん搭載する動画編集アプリがあり、それらのアプリを使うだけでクオリティの高い動画が制作できるようになります。

本書は毎月3万円を稼ぐこと＝副業を前提としています。副収入を得るのですから、初期費用はなるべくかけたくないですよね。そういった意味でも、高額機材を購入せずにスマホだけで動画を撮影する「隠れYouTuber」は賢い選択肢といえるでしょう。

規模が膨らむYouTube市場
副業でお金を稼ぐには最適

▶日本人の2人に1人がYouTubeを利用している

身バレしなくて、初期費用もほとんどかからない。これらはYouTubeを始めようとしている皆さんにとって大きなメリットに感じられたことでしょう。

しかし、ここで考えなければいけない課題があります。

それは今後、YouTube市場がどうなっていくのかということです。これからYouTube動画を投稿していこうと考えている皆さんのなかでも、気になっている人は多いのではないでしょうか。

「YouTuberはすでにあふれかえっていて、これからYouTube動画を投稿するには遅すぎるのではないか」
「有名YouTuberの収益がすごく下がっているという話を聞いた」

上記のような声を私の周りの人からたくさん聞きます。

もしYouTubeがこれから発展しないのであれば、市場にお金が集まらないわけなので、副業としては魅力的ではないことになります。隠れYouTuberになって動画を投稿しても、収益を得づらい環境だったらあまり意味がないですよね。

図0-1を見てください。

これは2022年にマーケティング調査会社ヴァリューズが20歳以上の男女

図0-1　YouTube利用に関するアンケートデータ

男性（20代～30代）

順位	頻度	割合
1位	ほぼ毎日	58.10%
2位	週に3～4日くらい	10.20%
3位	週に1～2日くらい	8.70%

男性（40代）

順位	頻度	割合
1位	ほぼ毎日	42.50%
2位	週に3～4日くらい	13.30%
3位	週に1～2日くらい	10.90%

男性（50代）

順位	頻度	割合
1位	ほぼ毎日	38.70%
2位	週に1～2日くらい	15.20%
3位	月に1回以下	12.90%

男性（60代以上）

順位	頻度	割合
1位	ほぼ毎日	36.70%
2位	週に1～2日くらい	13.40%
3位	月に1回以下	13.30%

女性（20代～30代）

順位	頻度	割合
1位	ほぼ毎日	44%
2位	週に1～2日くらい	12.10%
3位	全く利用していない	11.20%

女性（40代）

順位	頻度	割合
1位	ほぼ毎日	27.80%
2位	月に1日以下	16.30%
3位	週に1～2日くらい	15.80%

女性（50代）

順位	頻度	割合
1位	ほぼ毎日	25.50%
2位	週に1～2日くらい	15.60%
3位	全く利用していない	14.50%

女性（60代）

順位	頻度	割合
1位	ほぼ毎日	25.50%
2位	週に3～4日くらい	16.40%
3位	週に1～2日くらい	16.40%

出所：株式会社ヴァリューズ『【調査リリース】YouTube利用動向調査　利用率9割、男性は学び系・女性は熱量高く多様な動画を視聴　20代～30代の約3割が休日に3時間以上利用』より

3384名を対象に行ったアンケート調査の結果です。YouTube利用に関するデータを見ると、若い年齢層ほど視聴頻度が高くなり、20代～30代は半分近くがほぼ毎日視聴、60代以上でも男性は3人に1人が、女性でも4人に1人が毎日視聴していることがわかります。これらのアンケート調査のなかで同社は、YouTubeの利用割合は男女ともにほぼ9割であることを導き出しています。さらに、20～30代では男女ともに休日に3時間以上もYouTubeを視聴していることも判明しました。

上記を裏づけるように、2020年9月には、日本国内におけるYouTubeの月間利用者数が6500万人を超えたと報道されました。日本の人口は1億2550万人（2021年時点）なので、日本人の半分以上がYouTubeを利用していることになります。未就学前の児童を除けば、さらにその割合は高まるで

しょう。

まさに、YouTubeは年代を問わず利用されているメディアに成長しているのです。

背景には、YouTubeの閲覧は場所・時間を問わず、気軽に楽しめるようになっていることが関係しています。皆さんのなかでも朝の通勤・通学中やカフェでコーヒーを飲みながら、あるいは寝る前のちょっとした時間にYouTubeを見て楽しんでいる人も多いことでしょう。5Gに代表される高速通信環境の整備、街中のWi-Fi環境の普及などによって、この傾向はさらに強まると考えられます。

▶今後も利用者が増えていく魅力的なプラットフォーム

YouTubeというとスマホを使用して1人で閲覧するというイメージを持たれている人もいるかもしれません。しかし、現在はテレビと同じように家族や友人と一緒に視聴している人が半分を占めています（図0-2参照）。

図0-2　YouTubeをテレビで視聴するスタイル

1,500万人以上

テレビ画面での
YouTube視聴数

（出典：Google、日本、
2020年3月）

65%以上

テレビ画面でYouTubeを
見る人のうち、
リビングルームで視聴

（出典：Google/Intage、
Audience Research2020、
日本、2020年8月）

50%

テレビ画面でYouTubeを
見る人のうち、家族やパートナー、友人と一緒に視聴

（出典：Google、日本、
2020年1月1日～10月1日）

データが示すように、テレビ画面でYouTubeを視聴する人は1500万人以上。そのうちの半分以上はリビングルームで家族や友人らと一緒にテレビ画面を通して動画コンテンツを楽しんでいる実態がわかったのです。

これは、以前はお茶の間の主役だったテレビでもAndroidTVやGoogle-Nestといったデバイスで YouTubeを見られるようになっていることが大きいでしょう。

従来、テレビを見ていた人のなかにも YouTubeを見る習慣が生まれて、さらに視聴者層が増え続けているのです。

その結果、YouTubeはテレビと同じくらいの伝達（メディア）力を持つようになったといえるでしょう。

実際、有名 YouTuberの発言が消費者の購買欲を刺激したり、いわゆる炎上したことで大きな話題となったりすることが増えました。

先述したように視聴者が増えてさらに影響力も大きなメディアになっているわけですから、YouTubeの市場には今後も巨大なお金が流れこむことは間違いありません。

週2回程度の投稿、登録者5000人ほどで毎月3万円の収益が得られる

▶毎月3万円を稼ぐために必要な条件とは?

前項で述べたようにYouTubeの市場は膨らむばかりです。その意味で、副業としての将来性はYouTubeには間違いなくあります。

では、YouTubeで毎月3万円を稼ぐためにはどのような条件が必要となるのでしょうか。

詳細な内容は第1章に譲るとして、ここでは大枠を説明していきます。

まず、YouTubeから収益を得る（＝広告を掲載してもらう）には、次の条件をクリアしないといけません。

YouTubeで収益化するための2大条件

① チャンネル登録者が1000人以上（スーパーサンクスなどは500人）

② 過去1年間の動画再生時間が4000時間（スーパーサンクスなどは3000時間）

YouTubeから得られる収益のメインは広告料ですが、YouTubeを運営しているGoogleは、あなたのチャンネルが広告を掲載するのにふさわしいかを判断しています。その条件が上記の2つです。

ですから、すべての動画に広告がつくわけではなく、動画を公開すればすぐにお金が入ってくるようになるわけではないということを覚えておきましょう。

さらに、毎月3万円を稼ぐ目安は次の通りです。

毎月３万円を稼ぐための条件

・チャンネル登録者は3000〜１万5000人
・週１〜３本の投稿

上記の条件をクリアすれば、毎月３万円の広告収益を得られることになるでしょう。この数字を根拠とする詳細な理由は45ページに掲載していますので、ぜひご覧ください。

▶日々の継続が毎月3万円を得る近道に!

毎月３万円を稼ぐための条件を見て、大変だと思った人もいるでしょう。

ですが、数字から受けるインパクトほどハードルは高くありません。というのも、YouTubeの動画は「蓄積型のコンテンツ」だからです。蓄積型のコンテンツとは、継続的に続けていくことが重視されるコンテンツです。

まず前提として最初の投稿から、いきなり大きな再生回数を稼ぐことはほ

図0-3　蓄積型コンテンツのイメージ

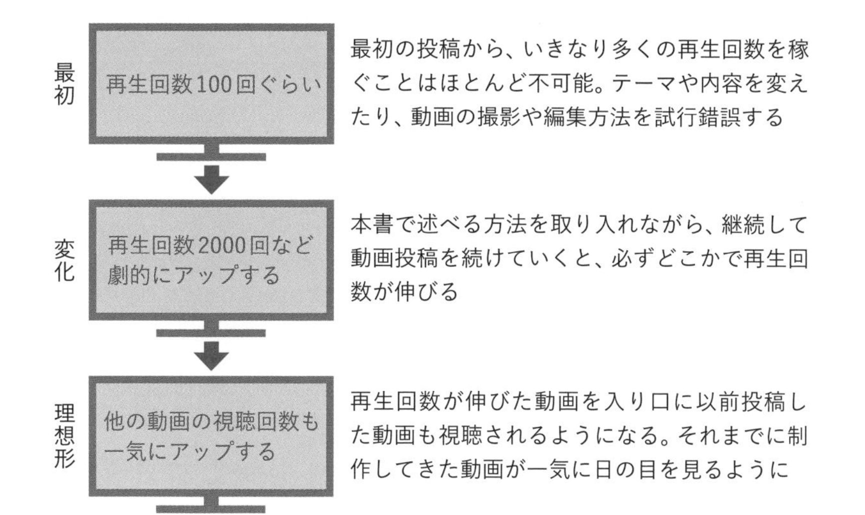

とんど不可能です。本書で紹介する方法を取り入れながら、扱うテーマや内容を変えたり、動画の撮影や編集方法を試行錯誤したりして、自分に合った動画スタイルを見つける必要があります。そうして継続して動画投稿を続けていくと、必ずどこかで再生回数が伸びる日がやってきます。

再生回数が伸びる動画がひとつでも生まれると、それまでとはチャンネルの勢いが変わります。なぜなら視聴者がその動画の視聴をきっかけに、以前投稿したチャンネル内の他の動画も視聴するようになるからです。動画を蓄積していくほど、チャンネル全体の再生回数や再生時間が一気に増えるため、収益力が大幅に向上するようになります。

つまり、継続して動画を投稿していくことで、爆発的なヒットがなくても、制作した動画がまんべんなく視聴されやすくなる。このことが誰でもYouTubeで収入を得られやすい理由のひとつです。

さらに、収益化してから毎月３万円は、収益化までの道のりと比べるとずっと簡単です。

チャンネル登録者数1000人以上、4000時間／再生時間（１年以内）に達しているということは、すでに動画はそれなりの本数が投稿されているはずです。

週に１～３本でもコツコツと投稿していけば、それまでに投稿した動画の再生回数は着実に増え続けます。ですから、１本あたりの動画視聴数がそれほど多くなくても、毎月３万円くらいの収益が得られるわけです。

週１～３本は、スキマ時間を有効活用しながら動画を順次アップしていけば、決して難しいことではありません。副業のために睡眠時間を削って、本業に支障が出てしまう作業量ではありません。自分のなかで企画のフォーマットや撮影のパターンを作り上げれば、動画制作時間は一気に短縮できるからです。

本業に支障が出ずに毎月３万円の収益を得る。理想的なスタイルを確立できるように、本書では効率よく動画をまとめて作る方法をご紹介していきます。

図0-4　毎月3万円を稼ぐまでのイメージ

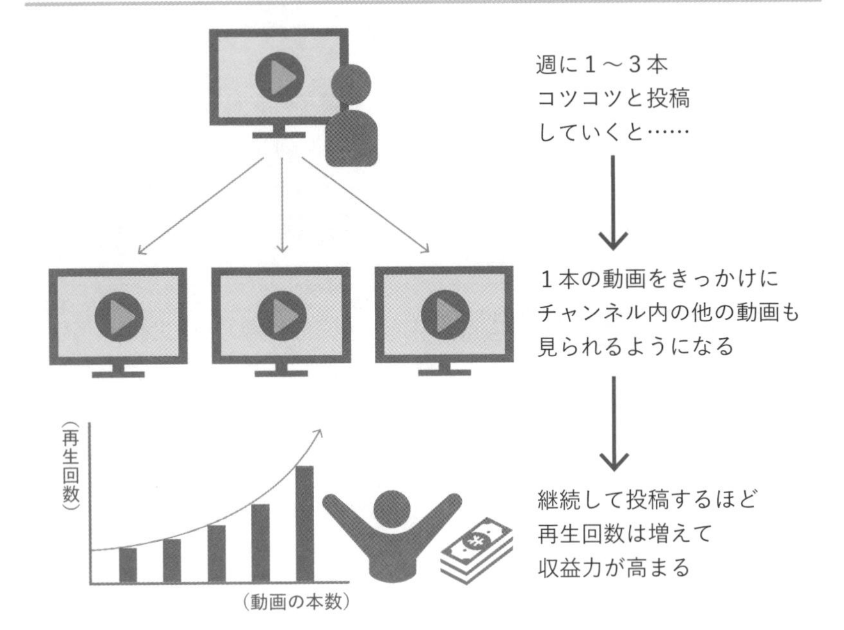

一般人がYouTubeで活躍できる理由とは?

#隠れYouTuber

▶動画には2つの種類がある

コツコツと継続していくことがYouTubeで毎月3万円の収益を得る秘訣だと先ほどお話ししました。でも、そもそも「自分には人を引きつけるような面白いトークやネタなんてない」と思われている人もいらっしゃるのではないでしょうか。

実は、YouTubeはテレビとは違って、“面白さ”は必ずしも必要ありません。

その理由は、YouTube動画を見る視聴者が求めていることに関係しています。順を追って説明するために、動画の種類からお話ししましょう。

図0-5のように、動画は2つの種類に分けられます。

図0-5　2種類に分けられる動画

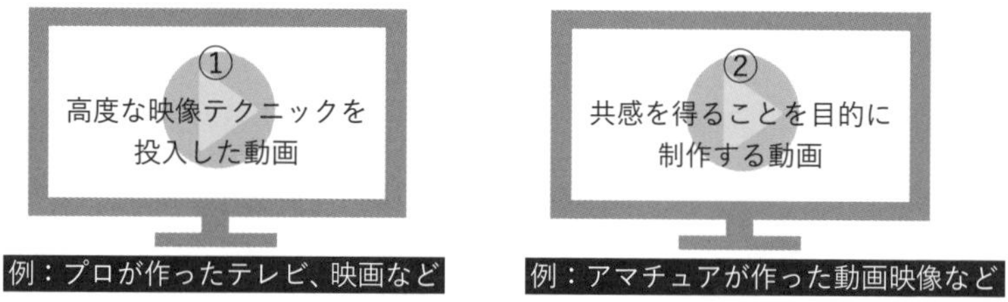

①
高度な映像テクニックを投入した動画

例：プロが作ったテレビ、映画など

②
共感を得ることを目的に制作する動画

例：アマチュアが作った動画映像など

YouTubeは②に分類される動画。クオリティの高い映像は必要とされない。
むしろ、共感を得ることが大切だ。

ひとつは見る人を楽しませるために、高度な映像テクニックを投入して制作した動画です。これはいわゆる映画やテレビドラマを想像してもらえるとイメージしやすいでしょう。

美しい映像や音響、さらには複雑に構成されたストーリー展開、迫真の演技など、プロのクリエイターらによって作られています。

もうひとつは、見る人の「共感」を得るために制作された動画です。

視聴者は、寂しさをまぎらわしたり、暇をつぶしたりする目的で閲覧するため、クオリティの高い映像を求めているわけではありません。

YouTubeの動画は後者の部類に入ります。

YouTube動画を閲覧したことがある人はわかると思いますが、その日あった出来事を淡々と話すチャンネルや自分の身の上話をしたチャンネルが人気を集めていたりします。映像やストーリーのクオリティが高くなくても、その投稿内容に共感できる部分があるから、動画を見に人が集まってくるというわけです。

▶視聴者から共感を得るために大切なこと

YouTubeで収益化する＝人気を得るために大切なのは動画技術ではなく、視聴者からの共感です。

先ほど述べたように、YouTube動画では動画そのもののクオリティをアピールするのではなく、視聴者の心に訴えかけて感情を動かす＝共感を得ることが求められるからです。

共感を得るには自分のことを話す必要があります。

たとえば、共感を得られる動画は次の通りです。

共感を得られる動画の一例

・仕事で辛い状況を告白する
・恋愛での悩みを話す
・趣味のスポーツや楽器について語る

・お弁当作りの時短技を紹介する
・懐かしいおもちゃを紹介する

上記の例は配信者からすれば、自分のことや興味ある内容について話しているだけです。一方で視聴者からすれば、似たような経験をしている人が多いため、共感や賛同をしやすいというのがポイントです。

わかりやすくいえば、視聴者に「うんうん、そうだよね！」と思ってもらえるのが共感につながるということです。

上記のようなネタは日常生活のなかにたくさんあります。私たちは普段起きた出来事をYouTubeの動画として配信すればいいわけですから、決して面白い動画を作る必要はないのです。

なお、感動のストーリーを通して再生回数を稼ぐ方法もありますが、それはプロのクリエイターでも簡単に作れるものではありません。ましてや一般の人が日常的にネタを作っていくのは大変でしょう。たとえば、お互い愛し合っているのに、不幸な事故から引き裂かれる運命にある『タイタニック』のような作品を皆さんが作るのは簡単ではありませんよね。

▶動画を撮るために、必要最低限の技術はマスターする

動画を作るうえで技術は大切ではないと先述しました。しかし全く知識や技術がなくてもいいというわけではありません。

動画で共感を得るために、企画や映像、ストーリー、編集などの知識や技術を知っておくと断然有利になります。

たとえば、料理をテーマにした動画を考えてみるとわかりやすいでしょう。

カフェ飯や創作料理など見栄えのよい、とても美味しい料理を作ったとします。それなのに映像がブレていたり、料理の作り方を映像に収めていなかったらどうでしょうか。

視聴者の「いいね」という共感は得られないでしょう。

共感できるネタを思いつけばいいというわけではないのです。

料理がきれいに見える撮影方法や調理手順をわかりやすく表示する編集技術といった動画スキルがあってこそ、視聴者からはじめて共感を得られるようになります。

もちろん、YouTube動画では高度な撮影テクニックや編集技術は必要ありませんので、共感を得るために必要な動画技術を本書で身につけていきましょう。

6つのステップで「隠れYouTuber」は簡単になれる

隠れYouTuber

隠れYouTuber

隠れYouTuber

▶毎月3万円を最短で稼ぐための全体像を理解する

企画や撮影、編集、動画のアップロードなど、隠れYouTuberとして毎月3万円を稼ぐために、いくつかの知識とテクニックを身につける必要があります。

次のSTEP 1〜STEP 6はその知識とテクニックを最短でつかむためのロードマップです。ここでは、各ステップの概要を説明しますので、全体像を理解しておきましょう。

STEP 1 見る側から収益を得る側へと視点を変える（→第1章35ページ）

YouTubeの動画投稿で収益を得るには、これまで視聴者側だった視点を制作者側へと変える必要があります。YouTubeではどのようなお金の仕組みになっているのか、視聴者がYouTube動画を見るきっかけとはなんなのかを知る必要があるからです。STEP 1では、YouTubeで収益化するために必要な知識を身につけます。

STEP 2 再生回数が伸びる企画をアウトプットする（→第2章53ページ）

YouTubeでの動画配信はコンテンツの内容次第で動画の再生回数が伸びるかどうかが決まります。動画に興味を持ってもらう、動画で共感を得るためには、意図的な仕掛けを散りばめる必要があります。STEP 2では、視聴者の気を引くための法則やパターンを解説し、初心者でも簡単に取り入れることができるテクニックをご紹介します。

STEP 3　視聴者の興味を引くストーリーを作る（→第3章87ページ）

動画を作るときにやりがちなのが、自分の言いたいことをそのまま伝えてしまうことです。視聴者の興味を引ければいいのですが、実際には上手くいかないケースが目立ちます。では、自分の伝えたいことを視聴者の共感や興味につなげるためにはどうすればいいのか。STEP 3では、テレビやラジオなどメディアの種類を問わずに使われているストーリー展開のコツをお伝えします。

STEP 4　スマホだけで美しい動画を撮影する（→第4章111ページ）

本書はスマホに特化した撮影の方法をお伝えします。高額な機材を使わなくても、動画撮影の基本となる構図をマスターすれば、さまざまなバリエーションの動画を撮れるようになります。STEP 4に記載した、映像の世界で使われている構図のパターンと撮影に必要なスマホの設定をマスターすることで、魅力的な動画を制作できるようになります。

STEP 5　編集アプリを使って視聴者に見られる動画に（→第5章147ページ）

動画編集は動画のクオリティを高める重要な作業です。動画編集というと専門的に感じるかもしれませんが、最初から難しいことをする必要はありません。STEP 5では、高度な編集機能を無料で使用できるアプリを使いながら、動画編集の基礎を学び、効率的な動画編集ができるようになることを目指します。

STEP 6　YouTube動画のアップロード設定をしっかりする（→第6章187ページ）

動画を作ったら、それで終わりではありません。YouTubeでは動画のアップロードとその設定が大切です。どんなによい動画を作ってもYouTubeの公開設定を正しく行っていなければ再生回数が伸びないためです。STEP 6では、タイトル、サムネイル（動画の「顔」となる画像）、タグや公開時間など、再生回数を左右する設定方法を丁寧に解説します。人気YouTuberが必ずしているSEO対策テクニックも紹介します。

次章からは、６つのSTEPについて具体的に説明していきます。

YouTubeは「蓄積型のコンテンツ」だと述べた通り、継続することが大切です。収益化するまでにある程度の時間を要するかもしれませんが、続けていればどこかで大きなチャンスが訪れます。

その大きなチャンスを最短でつかむための知識やテクニックをそれぞれのSTEP（章）に記載しました。初心者の人は最初から読み進めることを推奨しますが、すでにYouTube動画を投稿したことがある方は必ずしも順番通りに読む必要はありません。

自分が苦手とする分野から読んでも理解できる構成となっていますので、興味のある項目から読み進めるといいでしょう。

本格的に始める前に確認！

第1章

YouTube動画で賢く稼ぐためのお金の知識

YouTubeに動画を投稿するだけでは収益を得られない!?

#隠れYouTuber

#隠れYouTuber

#隠れYouTuber

▶いきなり動画投稿するのは失敗のもと

気の早い人はここまで読んで「よし！　早速動画を作って投稿しよう」とモチベーションが上がっているかもしれませんね。その高まったやる気に水を差すわけではありませんが、ちょっと待ってください。

私はクライアントのサポートでもお伝えしているのですが、YouTubeで収益を得るためには、まずはYouTubeのお金の仕組みをしっかりと身につけることが大切です。

なぜなのか、次の事例を通してお話ししましょう。

Aさんは趣味で国内の空港に行き、さまざまな飛行機を撮影してYouTubeにアップしていました。ある日、空港に行くと、ちょうど日本を訪問している海外セレブ芸能人のプライベートジェット機が停まっているのを発見。録画してYouTubeに動画を投稿しました。タイミングを同じくしてSNS上ではこの飛行機に海外セレブ芸能人の愛人も乗っているのではないかと話題になったため、その動画は、一気に3万回を超える再生回数に達しました。

この動画によってAさんはYouTubeで収益化する条件であるチャンネル登録者1000人、かつ過去1年間の再生時間が4000時間を超えました。

Aさんは大喜びします。

しかし、あとで調べてみると、YouTubeから収益を得るには事前の設定を完了する必要がありました。Aさんはあわてて設定しますが、時すでに遅し。海外セレブ芸能人の帰国とともにスキャンダルの熱も冷めて、再生回数と再生時間は伸びなくなってしまいました。

この事例でお伝えしたいことはひとつです。YouTubeに動画をアップするだけでお金を得られるわけではありません。

あとで詳しく説明しますが、「YouTubeパートナープログラム」という仕組みに登録し、承認を得なければなりません。これはいわば、チャンネルが広告収益を得るための手続きです。

先の事例では、せっかくYouTubeでの収益化条件をクリアしたのに、「YouTubeパートナープログラム」に登録していなかったために、収益につながる広告動画を掲載できない状態が続いてしまいました。

あわてて「YouTubeパートナープログラム」に登録しても、再生回数と再生時間が落ち着いてしまったあとでは、広告動画が表示される回数は少ないでしょう。

つまり、得られるはずの収益をみすみす逃したことになるのです。

こういった基本を知らないがために、実際には収益化の対象となっているチャンネルなのに収益を受け取れていないケースはかなり存在します。

▼「収益化」に関するページ画面

YouTubeサイトの右上にある自分のアカウントから「YouTube Studio」に入り、「収益化」のタブをクリックしたページ。チャンネル登録者500人、再生時間3000時間／1年の条件をクリアすると、簡単な審査を経て「YouTubeパートナープログラム」に登録できる。

「YouTubeパートナープログラム」への登録だけではありません。次項から述べるように、YouTube動画で収益を得るためには広告管理プログラムの「Googleアドセンス」への登録とブランドアカウントの設定が必要です。

本章ではYouTubeで収益を得るために、知っておくべきお金の知識をお話ししていきます。

#隠れYouTuber

YouTube動画ではチャンネルを意識して運用する

▶ブランドアカウントのチャンネルを作る

YouTube動画を始めるときによくやってしまう失敗が、「デフォルトアカウント」のチャンネルで運営することです。

YouTubeのアカウントは、デフォルトアカウントとブランドアカウントの2つに分けられます（図1-1）。

図1-1　デフォルトアカウントとブランドアカウントの違い

デフォルト
アカウント

YouTubeの利用情報やアクセス履歴などが詰まっている

人に告知することを目的とし、配信者にとって必要

YouTubeで収益化するにはブランドアカウントが必須。
デフォルトアカウントでは収益化できない！

デフォルトアカウントとは、YouTubeを利用できる初期状態のアカウントです。情報管理が目的なので、たとえばあなたの視聴履歴や登録したチャンネルの情報をはじめとした「log（ログ）」といわれる利用情報やアクセス履歴などが詰まっています。視聴するだけでしたら、デフォルトアカウントがあれば十分です。

しかし、デフォルトアカウントでYouTubeチャンネルを運営してしまうと、好きなチャンネル名をつけることができないなどの支障が発生します。

一方、ブランドアカウントとは会社や自分の趣味用などのために作って人に告知するためのアカウントです。

Googleアカウントひとつあれば、ブランドアカウントは最大200アカウントまで作ることができ、好きなチャンネル名もつけることができます。

YouTube動画投稿では、ブランドアカウントではなく、デフォルトアカウントでチャンネルを作ってしまっているチャンネルが多くあるのですが、収益化の条件のひとつには、ブランドアカウントであることが設定されています。そのため、デフォルトアカウントで動画投稿をし続けても、毎月3万円を稼ぐ、隠れYouTuberへの道はそもそもスタートしないことになってしまいます。

ですから、ブランドアカウントでYouTubeチャンネルを作る。これがYouTubeで動画を発信し、収益化するための前提条件となります。

▼ブランドアカウントの作成画面

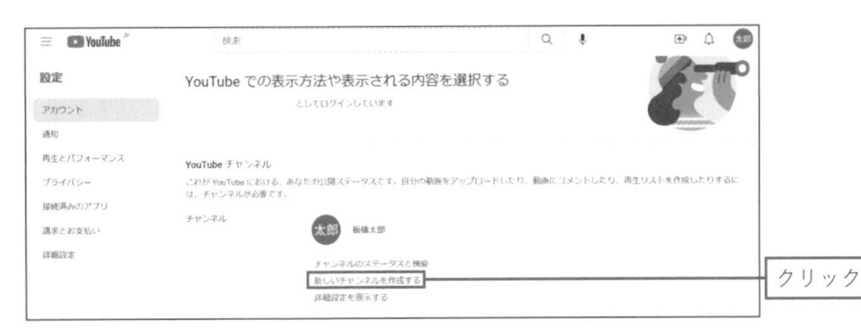

「YouTube Studio」から「設定」へ進み、「アカウント」のタブを選んだ画面。「新しいチャンネルを作成する」でブランドアカウントを作成できる。

▶YouTubeだけの設定ではお金は入ってこない

YouTubeから収益を得るために登録しておくべき設定がもうひとつあります。それが「Googleアドセンス」です。

Googleアドセンス(=AdSense)とは、Google共通の広告管理プログラムです。

YouTubeはGoogle社が提供するサービスのひとつです。

YouTubeで得られる収益はGoogleアドセンスを通して支払われることになります。そのため、YouTubeで収益を得るためには、Googleアドセンスの登録をしておかないといけません。

もしYouTubeの設定しかしていないと、それは動画をコンテンツとして発信する場にしかならず、収益は全く発生しないことになってしまいます。

なぜGoogleアドセンスへの登録が必要になるのか。YouTubeの広告の仕組みを通してご説明しましょう。

図1-2　YouTubeの動画広告のイメージ

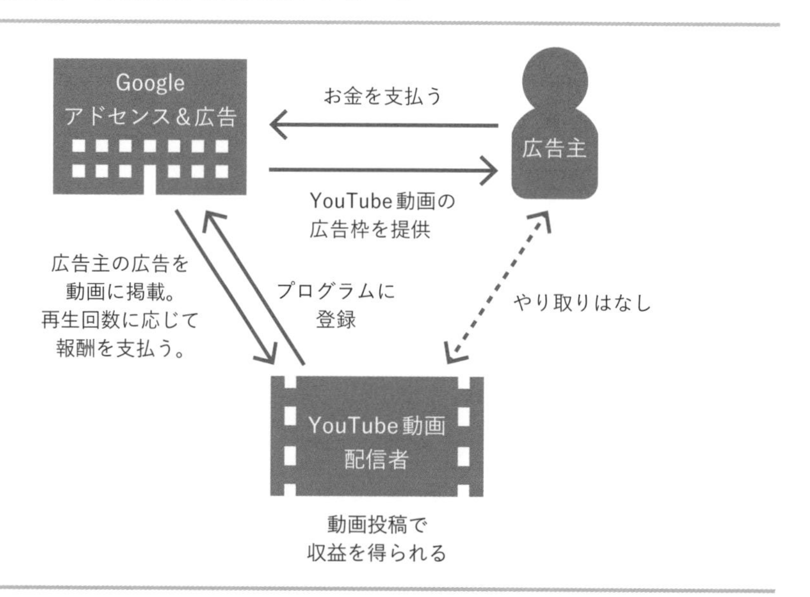

まず、広告を出す人や企業を広告主といいます。YouTubeで広告を出す場合、広告主はGoogle広告のアカウントを開設して必要な設定を行います。Googleアドセンス＆広告はYouTube上で広告スペースを提供する役を担います（図1-2参照）。

一方、私たちYouTube動画を配信する人たちは動画投稿をしつつ、前述の収益化の条件をクリアすれば動画に広告をつけることができます。この動画広告こそがGoogleアドセンス＆広告が提供する広告スペースのひとつというわけです。

少し難しくなったので話をまとめます。

Googleアドセンス＆広告の役割

① Google広告は、広告主にYouTubeの広告スペースを提供する
② その広告スペースが配信者の動画に組み込まれる
③ 広告主が支払った費用の一部がGoogleアドセンスから配信者に支払われる

つまり、Googleアドセンス＆広告は広告主と配信者の仲介役を担っているということ。あなたの動画の広告枠を取り扱って、広告が表示された場合には報酬を支払ってくれるのです。

少し専門的な話になってしまいましたが、YouTube動画の投稿を始める前にGoogleアドセンスの登録を済ませておくことが大切です。そうしなければ、収益化によって受け取れるはずだったお金がもらえません。

▼「Googleアドセンス」の登録画面

「Googleアドセンス」のウェブサイトで登録可能。収益が振り込まれる口座指定やYouTubeチャンネルの登録などをする。

YouTubeで得られる収益は5通り「広告収益」が一番の狙い目！

YouTubeには5つの収益がある

YouTubeから収益を得るといっても、その方法はひとつではありません。皆さんがまず思いつくのは広告収入だと思いますが、それ以外にもいくつかあります。

YouTubeから収益を得る方法は、大きく分けると次の5つです（図1-3参照）。

図1-3　YouTube動画で得られる収益の種類

種類	難易度	安定性	労力
①広告収益	★★	★★★★	★★★
②スーパーチャット（スパチャ）ほか	★★	★	★★
③メンバーシップ	★★★★	★★★★	★★★★
④ YouTube ショート（広告収益）	★★★	★★★	★
⑤タイアップ	★★★★★	★	★★★★★

YouTube動画の収益のなかで安定性もあって、難易度が低いのは広告収益だ。

① 広告収益

自分の動画に広告を表示し、その再生回数に応じて収益が発生します。YouTubeで得られる収益のなかでメインです。あくまで推定ですが、再生回数1回で0.1～0.5円程の収益となります。

② スーパーチャット（スパチャ）ほか

リアルタイムで配信する「YouTubeライブ」や特定のメンバーに限定した「プレミアム配信」などYouTube動画にはさまざまな形態があるのですが、そこでは視聴者から直接お金をもらえることがあります。投げ銭（お金を払って応援）＝スーパーチャット（スパチャ）と呼ばれます。ほかにも、コメントよりも目立つアニメーションスタンプを送れるスーパーステッカー（スパステ）、さらにライブではなく投稿動画のコメント欄で応援できるスーパーサンクス（スパサン）などがあり、どちらも視聴者からお金を直接もらえる機能です。いずれも収益化条件を満たすと「YouTube Studio」の「収益化」のページで設定することができます。根強いファンがいるYouTuberにオススメです。

③ メンバーシップ

視聴者が月額料金を支払うことで、チャンネルのメンバーになれる仕組みです。オンラインサロンと同じように、メンバーのみ視聴できる動画やメンバー限定のバッジや絵文字などのアイテムなどの特典をつけます。収益化条件などを満たすと「YouTube Studio」の「収益化」のページで設定することができます。メンバー限定特典でファンマーケティングを行いたい人にオススメです。

④ YouTubeショート（広告収益）

最長60秒の短い動画を視聴したり、投稿したりできるサービスを「YouTubeショート」といいます。これまで広告収益の対象ではありませんでしたが、2023年２月から広告収益の対象になりました。単価は0.005円程度と通常の動画に比べると低い設定です。

⑤ タイアップ

YouTube上で影響力を持ちインフルエンサーになってくると、企業や広告代理店とのタイアップを依頼されることがあります。自分の動画内でタイアップ会社の商品やサービスなどを紹介することで収益が発生。芸能人に近いマネジメント契約になるため、人にとって得られる収益は大きく異なります。毎月３万円は大きくクリアできます。

このようにYouTube動画で収益を得るといっても、方法はたくさんあります。オンライン上での仲間作りが得意な人は、メンバーシップを中心に運営したり、ライブで楽しく配信するのが得意な人はスーパーチャットが盛り上がるように頑張るなど、自分に合った収益方法で稼ぐことができます。

▶YouTube初心者は「広告収益」に力を入れる

５つの収益を紹介しましたが、YouTube初心者の場合は「広告収益」を狙うべきです。

なぜなら、スーパーチャットなどでは視聴者の行為に収益が大きく左右されますし、メンバーシップを導入するとメンバーへの会費に見合うケアも必要になってきます。

それに対し、広告収益は必要な設定をして、定期的に動画をアップしていけば、収益を得られます。スーパーチャットのようにリアルタイムでYouTube配信をする必要はありませんし、メンバーシップのように特別なコンテンツを用意することを求められません。

YouTubeは蓄積型コンテンツと説明したように、動画を投稿して時間が経ったあとでも、他の動画をきっかけに視聴回数が増えるメリットがあります。

つまり、動画をアップすればするほど相乗効果で収益を生み出すチャンスが広がるということ。そして、アップした動画は24時間365日閲覧できるため、自分が寝ている間にもお金を生み出してくれます。

効率的に収益を手に入れたいなら、まずは広告収益に力を入れるのがベストです。

YouTubeで効率よく収益を伸ばすために大切なこと

▶収益化の条件のひとつはチャンネル登録者1000人

序章で収益化するための条件を簡単にお話ししましたが、ここではより詳細に解説していきます。大前提としてYouTubeに動画を公開すれば、すぐにお金が入ってくるようになるわけではありません。

Googleはあなたのチャンネルについて、広告を掲載するにふさわしいかどうかを一定の条件をクリアすることで判断しています。

下記がその条件です。この条件は、スーパーサンクスなどは異なります。

YouTubeで収益化する条件

①チャンネル登録者が1000人に達している（スーパーチャット、スーパーサンクスなどは500人）
②チャンネルが「YouTube パートナー プログラム」に参加している
③チャンネル所有者が18歳以上である
④公開されている動画（ショート動画を除く）の過去365日間における総再生時間が4000時間以上（スーパーチャット、スーパーサンクスなどは3000時間）

（2024年2月時点）

これらはYouTubeの公式ページに記載されている条件です。なお、②をクリアするには、④の条件が必要であるというようにそれぞれが関連しています。

また、収益化の条件は変更されることがよくあります。YouTubeには「ヘルプページ」を設けられているので定期的にチェックするといいでしょう。

▶1回の視聴で0.1〜0.5円（推定）を稼げる

①〜④の条件を満たして、チャンネルが収益化できるようになると、気になるのが、広告収益の単価でしょう。

残念ながら、YouTubeの広告表示における単価は非公表です。収益を受けている人が公表することもNGとなっています。これはYouTubeに備えられているアルゴリズムで人によって単価を変える柔軟な対応をしているからだと考えられます。

ただ、YouTubeの動画内に広告が表示されて視聴者にクリックされるなど、一定の条件をクリアすると１回とカウントされるのですが、おおよそ１回で0.1〜0.5円くらいが目安になると私はとらえています。

0.1〜0.5円に広告の表示回数を乗じたお金が収益となります。そのため、ひとつの動画にどれだけの広告枠を表示できるかが収益を拡大させていくためのポイントです。

ここがポイント

YouTubeの広告が視聴者に1クリックとカウントされる条件を、YouTubeは公表していません。これを公表してしまうと、たとえば競合する動画の広告を消費させるために、わざと再生回数を増やすといった不正行為が想定されるためです。YouTubeは不正防止の観点から、意図的に何度も表示したと考えられる動画の再生はカウントしないように調整しています。

▶8分以上の動画を目指そう

YouTubeの広告収益のなかでメインとなるのは「インストリーム広告」と呼ばれる動画広告です。インストリーム広告はスキップできるタイプとスキップできないタイプに分かれ、さらに次の２つに大別されます。

インストリーム広告の種類

・プレロール広告……動画の再生前に流れる
・ミッドロール広告……動画の再生中に流れる

本編の動画を再生する前に流れる広告をプレロール広告、動画再生中にどこかのタイミングで流れる広告をミッドロール広告といいます。

この２つの広告が収益のメインとなるわけですが、重要なのが投稿動画の時間の長さです。

なぜなら８分未満の動画は、動画の中盤で流れるミッドロール広告を設定することができないからです。そのため、YouTube動画では８分以上の長さがあるかどうかで収益が大きく変わります。

動画の再生前や再生中に広告を表示するインストリーム広告では、動画の最初に流れるプレロール広告に加え、ミッドロール広告がいかに視聴されるかが勝負です。こういったことから、多くの収益化しているYouTuberは８分を超える動画を意識して作っています。

ですから、皆さんもこれから動画を制作していくうえでは、８分以上の動画を意識しましょう。

もちろん、動画のクオリティが落ちてしまうようなら無理して伸ばす必要はありませんが、７分の動画であれば頑張って１分伸ばして８分を超える動画にしたほうがよいでしょう。

ミッドロール広告を表示することができるようになり、表示回数が増えることで収益にもつながりやすくなります。

▶再生時間と視聴維持率を意識しよう

YouTubeからの収益を伸ばすためには、再生回数より再生時間が大切だといわれています。実際、収益化の条件のひとつに再生時間が4000時間以上という項目があります（スーパーサンクスなどは3000時間）。

これは再生時間が増えるほど、動画内のミッドロール広告が増えるため、YouTube側にとっても大きな利益につながるからです。

ただ、動画の最初のほうで飽きられて視聴されなかったり、動画の途中を飛ばして視聴されたりする場合は、実際の再生時間は短くなるのでミッドロール広告を設定しておいても見てもらえないことになってしまいます。

ここで覚えてもらいたいのは、「視聴維持率」の大切さです。

視聴維持率とは、動画のスタートから終了までどの地点で何パーセントの視聴者をキープし続けていたかがわかる数値で、「YouTubeアナリティクス」で確認できます。

▼視聴維持率の画面

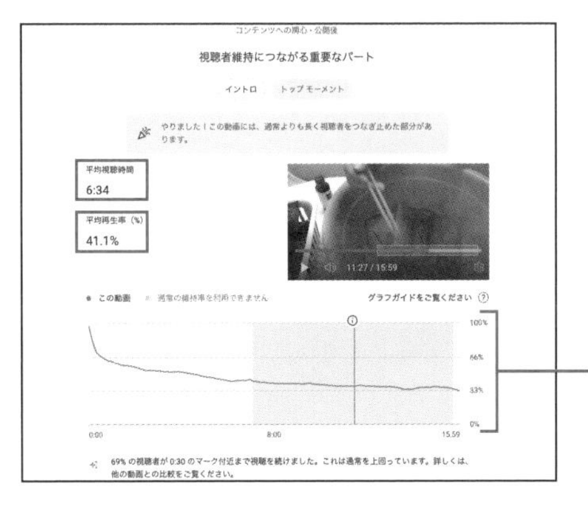

動画ごとに視聴維持率をグラフでチェックできる。どのシーンで視聴者が見るのを止めてしまったのかがわかる。

高い視聴維持率を保てれば、自然とミッドロール広告の収益も上がります。また、動画の内容が魅力的だという指標になるので、YouTubeのオススメ動画や関連動画に表示されやすくなるという効果があります。

再生時間を上げるためのテクニックは後述していきますが、常に「視聴維持率」を意識して動画を作るようにしていきましょう。

▶チャンネルに収益が支払われることを理解する

YouTubeで収益を得る場合、収益の権利について知っておくことも大切です。

収益は動画広告の表示回数に応じてお金が支払われます。つまり、動画単位で収益が計算されることになりますが、そもそもの収益を得る権利はチャンネルに付与されます。

"動画ではなくチャンネルに権利がある"というのが大きなポイントです。

YouTubeチャンネルはチャンネル内の動画を管理する存在です。ひとつひとつの動画はあくまでコンテンツであり、それをまとめるYouTubeチャンネルを中心にすべてが管理されるというわけです（図1-4参照）。

たとえばYouTubeでは収益対象もチャンネルですし、コメントの書き込みもチャンネル（ハンドル）名ですし、動画コンテンツもチャンネルに集約されます。

そのため、YouTubeの運営は動画ごとに考えるよりも、チャンネル全体を意識する視点が重要です。どのようにチャンネルを盛り上げていくかという視点が加わると、動画に一貫性が生まれて視聴者にチャンネル登録されやすくなります。後述する「再生リスト」や「関連動画」から視聴されやすくもなるでしょう。

投稿する動画よりもYouTubeチャンネルを中心に運営をする考え方は、第6章で必要になってくるので、頭のなかにインプットしておきましょう。

図1-4　YouTube動画を投稿するうえで大切なこと

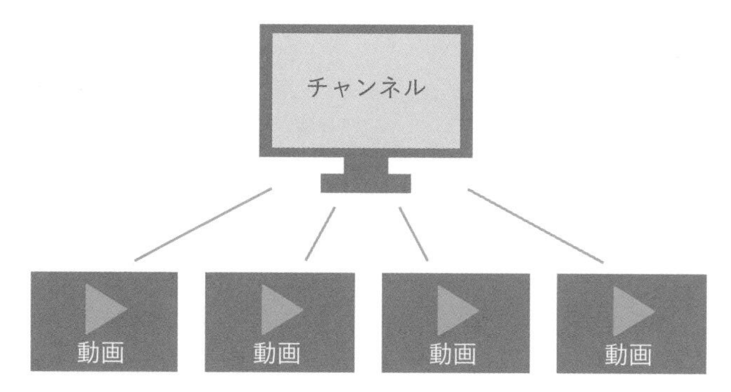

YouTube動画はチャンネルによってまとめられている。動画単体で運営を判断するのではなく、チャンネル全体での視点が大切になる。

Column ①

この「隠れYouTuber」に聞く！

顔出しなし × スマホだけ の"リアルな実情"

実際に毎月３万円以上の収入を得ている隠れYouTuberにインタビューを実施。収益化するためのテクニックやコツを聞いてみました。

＼このチャンネルにお話を聞きました！／

チャンネル名：『かごっまおごじょ』

お名前：かごっまおごじょさん
チャンネル登録者：3.64万人
動画総再生数：1566万4844回
（2023年6月9日時点）

鹿児島に住む普通の母親が娘のために作るお弁当をYouTube動画で公開。ぽっちゃり体形の母親とぽっちゃり体形の娘というキャラクターに加えて、母娘の日々の出来事や成長を綴った記録が人気を集める。

1年間投稿していなくても月に数万円の収益を継続中！

かごっまおごじょさんがYouTube動画を始めたのは、鹿児島県で開催した私の動画スクールに参加したことがきっかけ。料理研究家で培った知識や技術を生かして、子どもと夫のためにお弁当を作っている動画が話題となり、全国から「お弁当の作り方の参考になりました！」「鹿児島の郷土料理が懐かしい！」といったコメントが届くほどの人気番組に成長しました。

YouTube動画で成功する秘訣はなにか。かごっまおごじょさんにインタビューしました。

――いきなりですが、現在の収益金額と投稿頻度を教えてもらえますか？

実はお弁当を作っていた娘が学校を卒業したり、居酒屋を開店させたりするなどして生活がバタバタしていたため、ここ１年ほどは動画を投稿できていません。ただ、それでもいままでにアップした動画からの収益が現在も続いているんです。金額はちょっと贅沢なお店に夫婦で食べに行けるくらいの額です……。1年近く投稿していないのにすごいことですよね。

──1年近く投稿していないのにまだ収益が続いているとは！　YouTube動画ならではの魅力ですね。

ちなみに、週に3本ほど投稿していたときは大卒の初任給くらいの収入が続いたことがありました。継続して投稿することで大きな利益を生み出すのだなと実感しましたね。

最近、動画にも出演していた娘が自宅に戻ってきたので、また再開したいと思っているところです。

──大卒初任給くらいの収益があると生活にだいぶ余裕が生まれますよね。収益を得るためにYouTube動画でこだわった点はありますか。

お弁当作りをテーマにしているので、料理が苦手な人が料理してみようと思えるチャンネル作りを心がけていました。

たとえば、お弁当を作っている1時間ほどはずっと録画しているのですが、YouTubeに投稿する動画はそのうちの8分だけ。それ以外は思い切ってカットしています。こうすることで、料理の大切なポイントを短時間でチェックできるようになり、「私も料理してみよう」という視聴者さんが増えたのだと思います。

──料理をテーマにした動画で大切だと思うポイントはありますか？

食材と季節の関係性を大切にしています。季節によって旬の食材は変わりますので、その時期に合った料理などを取り上げていました。

──視聴者の視点で考えていらっしゃるのですね。撮影をするうえで心がけている点はありますか。

私はスマホで撮影しています。キッチンの決まった位置にスマホを置くことで、毎回構図を考えることなく撮影をスタートできて簡単ですね。

ただ構図が決まっている分、調理のシーンは動画だけでなく、撮影した写真を動画のなかに一緒に載せていました。調理方法がわかりやすくなるように工夫しています。

──なるほど。スマホでの撮影でメリット、デメリットがあれば教えてください。

まず、スマホだと撮影カメラの購入費用がかからないことが大きいです。高い機材をいきなり購入するのは、ハードルが高いですからね。それと、私は編集もスマホのアプリでしているので、家のなかで寝転びながら隙間時間でコツコツ動画を作ることができます。ただ、パソコンと違って画面が小さいため、撮影時も

Column ①

編集時も細かいシーンは見づらい面があります。
――顔出しなしでデメリットを感じることはありませんでしたか。

私の場合はほとんどありませんでした。むしろ、顔出しなしのメリットのほうが多かったです。というのも、お弁当作りは朝の早い時間から行うのですが、化粧をせずにすっぴんですぐ撮影をスタートできたのはとても楽でしたね。これが顔出しありだったら化粧をしなくてはいけないので、継続して動画を続けられていたかわかりません（笑）。
――失礼を承知でお聞きしますが、ぽっちゃり体形の母親とぽっちゃり体形の娘という設定が、チャンネルに“癒やしの雰囲気”を生み出していると思います。これはどういった経緯で思いついたのでしょうか。

わかりやすいキャラクターがあったほうが、視聴者からの親しみが湧くのではないかと思って考えました。

ただ、一般人ですから、とくに人の気を引けるほどの特徴はなく、思いついたのが、「ぽっちゃり母娘」「ぽちゃ母」「ぽちゃ娘」という表現でした。

最初の頃は「デブ」のようなアンチコメントが多くて困ったこともあったのですが、続けていくうちに徐々にそういった声も少なくなりました。言葉の響きもかわいいですし、いまはチャンネルの特徴のひとつですね。
――これからYouTubeで収益化を目指す人にアドバイスをお願いします。

まずは行動することが大切です。高額な撮影機材を購入する前にスマホで撮影して編集してみる。最初は下手でもいいから、YouTubeに動画を投稿してみる。とりあえず100本の動画を投稿することを目指して頑張ってみてください。

また、動画制作をしていると撮影や編集での失敗が少なくないと思います。でも私たちはプロのカメラマンではありませんので、あまり気張らずに取り組むことをオススメします。そのうちにどこかで動画の再生回数が一気にグッと伸びるときが訪れるはずです。

ちなみに、アンチコメントが増えたら視聴者が増えたひとつのサインなので、喜びましょう！

『かごっまおごじょ』
チャンネルはこちらから

https://www.youtube.com/
@kagommaogojyo

顔出しなしでも
再生回数が伸びる！

第2章

隠れYouTuberが知っておくべき動画企画の作り方

YouTube動画を作るために最も大切なのは企画力

▶"見る価値がある動画"だと視聴者に思わせる

YouTubeに投稿した動画を誰かに"見てもらう"ためには、相手に視聴するメリットを提供しなくてはいけません。YouTubeだけではなく、FacebookやTwitter、InstagramなどSNSにはさまざまな情報が流れています。

そのたくさんの情報のなかで、視聴してもらうためには"見る価値がある動画"だと認識してもらう必要があるのです。

では、"見る価値がある動画"とはどのようなものでしょうか。

それは、視聴者の「知りたい」「ワクワクする」「ドキドキする」といった感情を刺激するコンテンツです。

"見る価値がある動画"の具体例

- ・プレゼン資料を簡単に作れる最強のＰＣ時短技を紹介
- ・妻にサプライズプレゼントを贈ったら、妻の涙腺が崩壊した
- ・寝台列車の車窓から見える絶景がまるで○○だった！

どうでしょうか。上記の例のような動画はまさに、「知りたい」「ワクワクする」「ドキドキする」といった感情を刺激するものではありませんか。

感情を刺激するものとして、他にも「開封動画」といわれる動画ジャンルがあります。福袋やトレーディングカードなど中身がわからない商品を箱から取り出すことで、視聴者に「ワクワク」「ドキドキ」を味わってもらう動

画として一時期人気を集めました。
　このようにYouTubeでは大掛かりな仕掛けやものすごいお金をかけた動画でなくても、再生回数を稼ぐことができます。つまり、“見る価値がある動画“を作るために大切なのは資金ではないということ。
　むしろ、「知りたい」「ワクワクする」「ドキドキする」といったコンテンツを生むアイデア＝企画力こそが大切なのです。

▶YouTubeで求められるのは企画力

　繰り返しになりますが、“見る価値がある動画”を作るのに最も大切なのは企画です。
　撮影技術や編集技術がどれだけ優れていても、そもそも、どのような動画を撮りたいのか、つまり「企画」をしっかり定めないと、動画の方向性はブレてしまい、視聴者になにを伝えたいのかがわからないコンテンツとなってしまいます。
　実際、テレビ、ネット配信を問わずプロが作っている人気番組は番組全体の企画から各コーナーの企画まで練りに練られています。企画のない番組は、そもそも放送に耐えられるクオリティに達しないため、放送することはあり得ません。それだけ企画は重要だということです。

　さらに、YouTubeは他のメディアと比べて、企画が重視される理由があります。
　テレビと比較するとよくわかります。
　テレビは、基本的に芸能人の名前を番組タイトルにつけるなど、メインの出演者がはっきりとわかるようにしていることが多いです。番組タイトルだけで誰が出演しているかを視聴者にわかってもらい、出演者のキャラクターを活かして番組のイメージを作り上げることを狙っているからです。
　また、テレビ番組の収入はスポンサー（＝ＣＭ）で成り立っているので、芸能人をはじめとした出演者は、スポンサーを獲得するために大切だという業界の事情も大きいです。

一方で、YouTubeはテレビと違って出演者の知名度ではなく、コンテンツがすべてです。

YouTubeでは動画配信者と広告主の間にGoogleが入っているため、動画配信者と広告主が関わることはありません。そのため、テレビと似た動画広告自体はあるものの、配信者は広告主の意向や番組のイメージを気にして制作する必要はなく、出演者の知名度も求められません。

図2-1　YouTubeは企画が大事な理由

スポンサー（＝広告主）を獲得するために、知名度の高い芸能人などの出演が求められる。

配信者は広告主の意向を気にする必要はないため、有名人が出演する必要はない。

YouTube動画では視聴者に見てもらえる「企画」を作れるかが最大のポイントとなる。

実際、ネイティブ英語を習得する技術や、簡単にダイエットできる食生活、スマホアプリの裏技などといった動画内容が人気を集めています。

これらの動画は顔出しなしでも十分に成立します。

再生回数や再生時間を稼ぐために企画が最も重視されることは、顔出しなしの隠れYouTuberがYouTube市場で勝負できる理由のひとつになっています。

では、視聴者が“見る価値がある”と思う企画はどのように作ればいいのか。

次項から動画ジャンルの説明からマーケティング分析を通して需要のある企画の作り方まで詳細に説明していきます。

顔出しなしで人気が出る オススメの動画ジャンル

▶隠れYouTuberの動画にはどんなジャンルがある？

まず、企画を考える前に投稿する動画のジャンルを決めます。

最近は顔出しなしのYouTubeチャンネルが増えてきています。ここでは、代表的な4つのジャンルをご紹介しましょう。

①【Vlog動画】

Vlogとは、日常報告をする動画です。わかりやすくいえば、日記の動画バージョンです。Vlogは配信者のライフスタイルを動画にしており、一例を挙げると下記の通りです。

Vlog動画の具体例

- 仕事や学校の話
- 家庭や恋愛の話
- 料理やインテリアの話
- ゲームやスポーツの話

たとえば、毎日のお弁当を作る様子はVlog動画に分類されます。手間のかかる逸品を作るのではなく、ちょっとしたコツでお弁当の見栄えがよくなる方法だったり、時短のお弁当術といった内容が投稿されます。

▼毎日の料理など日常風景を投稿しているVlog動画

顔出しをせずに料理を作っているシーン。手間暇をかけずに時短で作れる美味しい料理など視聴者に役立つ情報を提供するとハウツー動画にもなる。

Vlog動画に共通している点は、自分のライフスタイルを動画にして報告することです。Vlog動画が人気を集めているのは、リアルではわからない他人の生活の一部を知りたいと思っている人が多いからでしょう。言葉を選ばずにいえば、「他人の生活をのぞき見したい」という気持ちがあるからです。

上記以外にも変わったジャンルには、「ニート動画」という種類があります。

仕事に就かない35歳くらいまでの人をニートと呼びますが、あえて自宅でのだらけた生活風景を配信する人をニート系YouTuberと呼びます。

ニート系YouTuberはグダグダとお酒を呑む生活を配信しているだけ。それなのに高い再生回数を誇る動画も少なくありません。これもやはり、「他人の生活をのぞき見したい」という気持ちが大きく影響しているのでしょう。

②【ハウツー動画】

ハウツー動画とは、商品やサービスの使い方を手順つきでわかりやすく説明したコンテンツのことです。

ハウツー動画はWeb検索するときに文字（テキスト）ではなく、動画で解決策を見つけようとする「動画検索」の文化が根づいてきたことで定番となりました。たとえばパソコンのショートカットキーは、ネット記事や書籍で覚えるよりも、キーボードを押すシーンを見ながらのほうが理解しやすいという人もいるでしょう。

ハウツー動画は細分化すると下記に分けられます。

ハウツー動画の種類

・PCをはじめとしたガジェット動画
・楽器やスポーツなどの特技動画
・英会話などの語学動画
・DIYなどの工作動画

▼ソロキャンプの方法を説明しているハウツー動画

ひとりでキャンプする方法を解説しているシーン。ハウツー動画の種類はビジネスから趣味まで幅広い。世のなかの動きを敏感に察知して、視聴者が知りたいことを動画にするのがポイントだ。

上記以外にも、「なにかの方法」を説明する企画はすべてハウツー動画です。YouTube上にまだアップされておらず、一定の需要が見込めるハウツージャンルを見つけられれば強い訴求力を持つでしょう。

ただし、ハウツー動画を作るためにはその分野について深い知識が求められます。専門的な職種に就いている人などは、本業での知識を生かして動画を制作してみるのもひとつの方法です。

ちなみに、ハウツー動画ではすぐ解決しなくてはいけないという緊急性のある悩みは高い再生回数を期待できます。たとえば「壊れたファスナーを30秒で直す簡単な方法」という動画は、公開してから1年間で再生回数が22万回を超えていたりします。

③【動物動画】

動物を撮影した動画は老若男女を問わず需要が見込めるため、YouTube上では「鉄板ネタ」です。

再生回数、再生時間ともに伸ばしやすいジャンルです。

▼犬を散歩させている動物動画

愛犬と散歩しているシーン。動物動画はYouTube動画のなかでも人気が高い。飼い主だけに見せる愛くるしい姿を動画にして配信するなど、楽しみながら取り組むことができるだろう。

動物動画の代表的な種類

・犬や猫など定番ペット
・ハムスターやうさぎなどの小動物
・大型ペットや爬虫類などの珍しい動物

知名度の高い動物はもちろん、珍しい動物や馴染みの薄い動物も視聴者の興味を引くことができます。主役は動物であることから、人間は映像に映る必要がないことも“隠れYouTuber”にとって魅力的といえるでしょう。

動物動画では撮り方、とくにアングルが大切です。定点カメラで撮れば飼っているペットが自分に近づいてくる愛くるしさを伝えることができますし、マクロレンズを使ってグッと近接で撮れば、ペットを抱っこして顔にスリスリするような見え方を動画にすることができます。

気をつけたいのは、動物にストレスを与えないこと。動物動画は見る人によっては「動物虐待」ととらえる人もいます。多くの人にその動物を愛していることがわかっていただけるような動画にすることを心がけましょう。あくまで動物が自然体で活動する動画を投稿することが大切です。

④【景色動画】

景色動画というと、美しい景色や観光地をイメージしがちですが、日常的な景色もこのジャンルには含みます。というのも、YouTubeでは意外と日常のちょっとした景色の需要があるからです。たとえば、普段あなたが利用している生活エリアを散策したい、もしくは旅行したいと考えて動画を検索しようとしている人もいるかもしれません。

▼街中の風景を映した景色動画

都内を散策しているシーン。絶景だけが景色動画に入るわけではなく、日常的な景色も景色動画では需要がある。

また、景色動画では企画次第で魅力的なコンテンツになることがよくあります。たとえば、「日本一急な坂道を、原付で登るとこうなる」という大阪と奈良の県境にある暗峠（くらがりとうげ）を原付で登るPOV動画は、3年間で451万回視聴されました。なお、POVとは「Point of View」の略で、目線と同じ映像を意味します。

このジャンルでは、美しい景色を投稿しがちですが、「都心にある急な坂道」「不思議なかかしが大量に並んでいる道」といった好奇心をくすぐるような景色も再生回数を稼ぐのにうってつけです。

①【Vlog動画】②【ハウツー動画】③【動物動画】④【景色動画】の4つのジャンルを紹介しましたが、実際には上記以外にもたくさんの動画ジャンルがあります。

詳しくは次項で述べますが、この時点では、まだ投稿する動画ジャンルを特定する必要はありません。まずはどんな動画ジャンルが顔出しなしでチャレンジできるのかを理解しておいてください。

YouTubeのチャンネル名は特定のジャンルに限定しない

▶最初からチャンネル名でジャンルを絞るのは危険

動画ジャンルの主な種類を理解できたら、次はYouTubeのチャンネル名を決めます。

多くの人は「ソロキャンプマニア」「ギター特訓チャンネル」「英語教室チャンネル」のように、配信したいジャンルをストレートにチャンネル名に入れようとする傾向にあります。

実際、YouTubeを始める人に向けた多くの書籍では、動画投稿を始める段階からチャンネル名を限定したジャンルに絞ったほうがいいと書かれています。その理由は配信する動画のテーマにブレが生まれると、視聴者が離れていくためだとされています。

ですが、私は最初からチャンネル名でジャンルを限定するのは賢い手法ではないと考えています。なぜなら、チャンネル名でジャンルを限定しても、人気のある動画を配信できるとは限りませんし、もっといえば、実際に投稿してみたらそのジャンルは苦手だったということも起こり得るからです。

最初にチャンネル名を決めてしまうと、そこにとらわれることになり、自分で自分のチャンスを狭めてしまう危険性があるのです。

自分に合ったYouTube動画運営を確実にするためには、チャンネル名は2段階のステップを経て決めていきましょう（図2-2参照）。

まず、第1段階では自分に合った動画ジャンルを探します。

たとえば、最初は趣味の工作をテーマに投稿してもなかなか動画が伸びなかったため、今度はペットのインコを撮影して投稿したところ、急に再生回数が伸びたというケースも考えられます。そのため、第１段階では幅広い動画に対応できるアバウトなチャンネル名をつけます。

最初は投稿ジャンルを限定せずに、さまざまなことに挑戦しながら隠れYouTuberとしてのスタイルを作っていくのです。

図2-2　チャンネル名の決め方

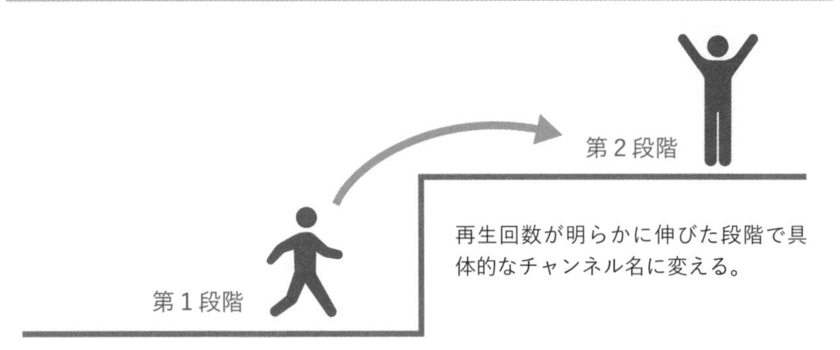

自分のあだ名やハンドルネームのようなチャンネル名にすれば、親しみやすく動画ジャンルが限定されないので、オススメです。

▶再生回数が明らかに増えた時点でチャンネル名を変更する

第１段階では、動画のジャンルを限定せずに幅広いジャンルの動画を投稿します。実際に動画を投稿していくと、「こうしたほうが面白くなる」「こうしたほうが自分らしい」など、さまざまな発見や工夫が芽生えてくるものです。

本書でこれから述べていくテクニックを駆使していくことで、やがては「こういう動画だと再生回数が伸びる」「こういう動画だと視聴者は見てくれない」などといった傾向も見えてきます。

そうして自分に合った動画スタイルを手探りしながら進めていくと、再生回数が明らかに伸びるタイミングがあります。それまで数百回だったのが、3000回ぐらいになれば、チャンネルは軌道に乗ったといえるでしょう。このタイミングで第２段階へと移ります。

投稿するジャンルを決めて、チャンネル名をより絞り込んだ名称に変更するのです。この時点では、動画投稿を始めた頃とは違って自分に合った動画ジャンルやスタイルがわかっているはずです。

第２段階のチャンネル名のつけ方は次の通りです。

チャンネル名をつける3つのポイント

① 動画のジャンル、もしくは固有名詞を入れる
② 一息で読めるように長い名前は略する（＝覚えやすい）
③ 濁点や「パ」や「ッ」のような破裂音を入れる

①〜③は、企業の商品名やテレビの番組名をつけるときなど、ビジネスシーンで使われる手法です。相手にインパクトを与えたり、覚えてもらいやすいという効果が期待できます。

たとえば、「レコードオタクの徒然日記」というチャンネル名を考えたとしましょう。

①は入っていて悪くはないように思えますが、②を使うと、「レコオタ日記」というように略せて、一気に覚えやすくなります。または、③から、「ポン」という破裂音を入れて「レコオタポン」のように略せると、インパクトも出てきます。

テレビ番組や商品名ではよく使われるネーミング手法ですので、YouTubeチャンネルを考えるときにぜひ取り入れてください。

YouTubeのチャンネル名を変更する仕方は次の通りです。

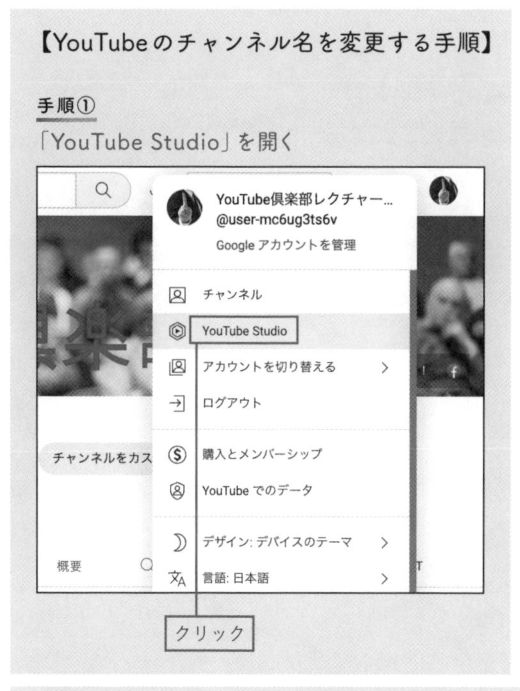

手順① アカウントをクリックして、「YouTube studio」のタブをクリックする。

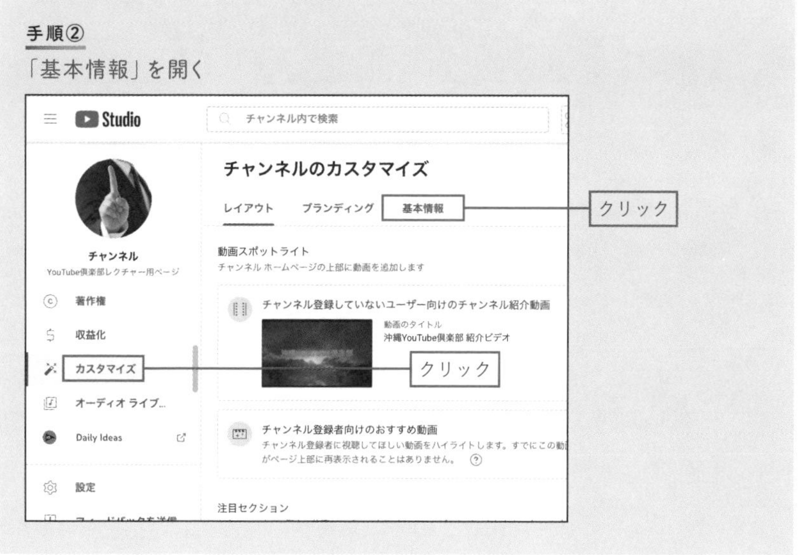

手順② 左サイドにある「カスタマイズ」をクリックし、表示されたら上部タブの「基本情報」をクリックします。

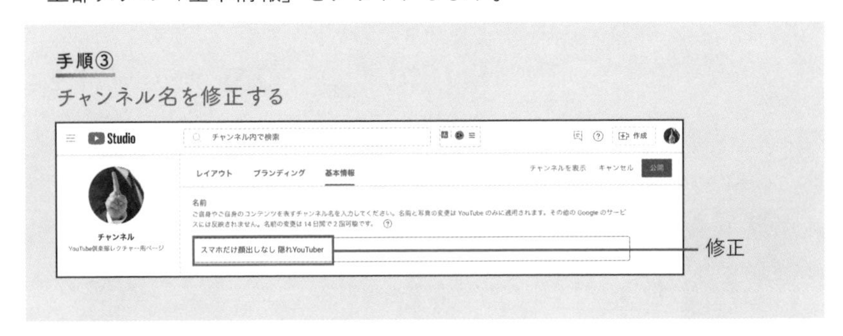

手順③「名前」に表示されているチャンネル名を希望の名前に修正します。

YouTube動画のチャンネル名は、視聴者に覚えてもらうために親しみやすいネーミングにすることが大切です。

また、チャンネル名の変更は 14 日間で 2 回まで。入力する前にチャンネル名をしっかり考えてから設定するようにしましょう。

第 2 段階での変更では、すでに一定の視聴者数が見込める状態です。何度も変更を繰り返してしまうと、視聴者を混乱させる原因になってしまうので、一度の変更で済むようにします。

動画上のキャラクターは社会的ステータスで演出できる

▶キャラクターが視聴者の共感につながる

チャンネル名を決めるのと同時にYouTube動画ではキャラクターを作る必要があります。ここでのキャラクターとは、動画を配信している人物がどんな生活をしているのか、どんな考えを持っているのかといった配信者の特徴のことです。

YouTubeは共感を得ることが、再生回数を伸ばす動画につながると先述しました。実は、この共感を得るためにもうひとつ必要なことが「キャラクター＝人となり」なのです。

皆さんも自分と同じ境遇で悩んでいたり、同じ性別や年齢、考え方が同じ人がいたりしたら、そのチャンネルに興味を持つきっかけとなりますよね。一方でキャラクターがわかりづらいと、なかなか共感もしづらくなります。

とくに隠れYouTuberの場合は顔出しをしないため、チャンネルに個性的なキャラクター性をつけられるかが大切になってきます。

▶自分の社会的ステータスを抜き出すだけでいい

では、キャラクターはどのように作ればいいのでしょうか。

テレビに出ている芸能人のように、なにかになりきったり、無理をしなければいけないのかと不安に思う人もいるかもしれませんが、その必要はありません。そもそも、ほとんどの人はカメラを前にして、人の興味を引けるほどのキャラクターを持ってはいないですし、自信もないのではないでしょうか。

YouTube動画でのキャラクター設定は難しいことではありません。自分の社会的なステータスをアピールするだけで簡単に作ることができます。

たとえば、キャラクターを設定するうえで役立つ代表的な項目が下記です。

キャラクターを設定するために考えるべき代表的な項目

- 性別
- 年齢
- 仕事
- 年収
- 体形
- 独身か既婚か

上記のそれぞれの項目に自分の属性を当てはめていってみください。なお、すべての項目を取り入れる必要はありません。

たとえば上記に沿ってキャラクターを書き出したら、「30代男性、年収500万、メーカ勤務、メタボ、単身赴任」といったワードが出てきたとします。これらのなかから視聴者の興味を引きそうな「30代男性、メタボ、単身赴任」を抜き出して、自分のキャラクターとして設定するのです。視聴者はこうしたキーワードから、配信者をイメージして動画を視聴します。

キャラクターを設定したからといって、動画を撮影するうえでなにか特別なことをする必要はありません。

動画のタイトルや概要欄にキャラクターのキーワードを入れるだけで、映像に映るもの＝「30代男性、メタボ、単身赴任」の生活となり、それだけでキャラクター設定が活きてきます。

なお、YouTube動画では、極端な恋愛遍歴や年収格差といった下世話なキャラクター設定が好まれる傾向もありますが、どのワードを選ぶかは自由です。自己責任で決めるようにしましょう。

▼社会的ステータスとそのイメージ

社会的なステータス

性別：男
年齢：35
仕事：IT関係
年収：800万円
体型：スリム

視聴者

社会的なステータスを設定することで
視聴者はキャラクターをイメージしてくれる。

動画企画の基本は「トレンド」を取り入れる

▶視聴者目線で継続できる企画を考える

ジャンルを限定しないチャンネル名を決めて、キャラクターの方向性が定まったら、次はいよいよ配信する動画の企画を考えます。

企画を作るうえで大切なことは３つです。

ひとつは、多くの視聴者に視聴される内容を意識することです。視聴者の「見たい」「知りたい」という欲求を考えずに、自分の好きな内容を配信しても再生回数や再生時間はなかなか伸びません。YouTube動画では視聴者からの共感を得ることが大切だと説明しましたが、独りよがりの主張では視聴者から共感を得ることはできないのです。確実に収益化するためには、YouTubeで視聴者が求めているものを提供していく必要があります。

もうひとつは、継続できる企画であることです。

どんなに魅力的な動画でも１回の投稿で終わってしまったら、チャンネル登録につながりづらいですし、収益化することはできません。毎月コンスタントに収入を得るためには、動画をアップし続けることが大切です。つまり、継続して投稿できる企画がとても大切というわけです。

３つ目は顔を出さなくてよい企画であることです。隠れYouTuberとして活動していくためには当然大事なことですが、顔出しなしという条件で継続できる企画を考えるには柔軟な発想が求められます。

とはいえ、この３つのポイントを押さえた企画が大切だとお話ししても、そもそも「動画でなにを伝えたらいいかわからない」「伝えることがない」という人もいらっしゃるでしょう。しかし私の経験上、それは伝えることがないのではなく、伝える内容の見つけ方がわかっていないだけです。

本書では、誰でも企画を考えられるように、「トレンド」「市場」「具体化」の3つのキーワードを押さえた方法を解説します（図2-3）。

それぞれのキーワードについては後ほど説明しますが、この3つのキーワードを押さえることで、伝えたい（伝えるべき）内容をしっかりと頭のなかに導き出すことができ、かつ多くの視聴者に視聴されて、継続できる企画を考えられるようになります。

なお3つのうち、どれかひとつだけを押さえてもあまり効果は発揮しませんので、それぞれのポイントを理解して企画を考える際の指針としましょう。

図2-3　YouTube動画の企画を考えるポイントと順番

トレンドと市場で需要があるテーマかどうかをチェック。具体化で差別化をしつつ、継続して投稿できる企画を考えられるようになる。

▶自分の伝えたいこととトレンドは違う

まずは、トレンドの考え方から説明します。

トレンドは文字通り、世のなかの流行を意味します。「今年のトレンドは……」のように日常生活でもよく使われますよね。一般的には、上記の意味合いでトレンドというキーワードを使っている人が多いことでしょう。

しかし、ここでのトレンドは少し意味が違います。

YouTube動画でのトレンドは「人が集まるテーマや出来事」という意味です。

たとえば、話題になっているファッションブランドのショップに多くの人が集まるのはファッションが好きな人のトレンド、鉄道ファンがとある列車の引退走行の写真を撮るために、ある駅に集まるのは鉄道ファンのトレンドです。

このように、トレンドは人が集まるテーマや出来事を指します。

「トレンドに乗っている動画」という場合には、その動画はたくさんの人が興味を持つ＝人が集まるテーマを扱っていることを指します。

トレンドではないテーマ＝人気のないテーマを扱っても動画は伸びません。どんなに動画を見てほしくても、誰も興味ないテーマで動画を投稿しても視聴されませんよね。ですから、動画の企画を考えるときには、まずは「トレンド」を調べます。人が集まりやすいテーマや出来事をYouTube動画にして投稿していくのです。

▶トレンドはインターネットで簡単に調べられる

トレンドの意味を「人が集まるテーマや出来事」と理解できたら、実際にトレンドを探していきます。

トレンドはインターネットで探すのが最も効率的で簡単です。インターネットには世のなかで起きているありとあらゆる出来事が瞬時にアップされるため、話題となっている出来事や注目されているテーマなどは簡単に調べられます。

具体的には次の方法でリサーチします。

① Googleトレンド

インターネット上のトレンドを探すときに役立つのが、「Googleトレンド」です。Google社が提供している信頼性の高いサイトであり、かつ無料で利用できます。

最初に、GoogleトレンドのWebサイトを開きます。デフォルトで表示される検索窓をクリックすると、欄外に「急上昇のトレンドをチェック」という項目が出てきます。これをクリックすると、毎日もしくはリアルタイムのトレンドを一気に調べられます。

一方で、すでに自分が気になっているキーワードがある場合は、そのキーワードを入力して検索してみましょう。そうするとデフォルトでは、過去1日間にウェブ検索でそのキーワードがどれだけ調べられたかが表示されます。期間は過去1時間、過去4時間、過去1日、過去7日……と区切って情報を確認できます。

過去1日では「直近」の状況がわかります。キーワードはそのままに期間設定を7日にすれば、そのキーワードが7日間でどれくらい調べられていたかもわかります。

これを活用すると、キーワードには旬のタイミングがあることにも気づきます。このようにしてGoogleトレンドを利用することによって、自由にトレンド＝人が集まるテーマをリサーチすることができます。

▼Googleトレンドでのキーワード検索

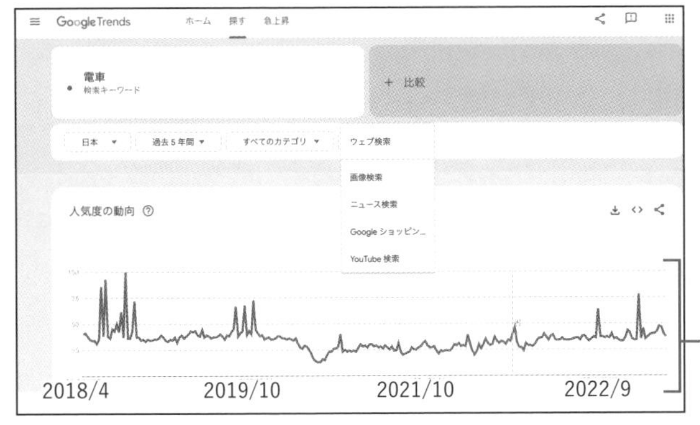

電車というキーワードで検索したときの画面。Google上でどれだけ調べられているかを時系列のグラフでチェックすることができる。

ここがポイント

毎年、特定の時期に伸びるキーワードがあります。たとえば、「花粉対策グッズ」というワードをGoogleトレンドでリサーチすると毎年2～3月にかけてグッと伸びています。これに気づくことができれば、2～3月のタイミングに合わせて「最新花粉対策グッズを使ってみた」のようなテーマはトレンドに合った動画として投稿できます。

▼「花粉対策グッズ」の検索結果

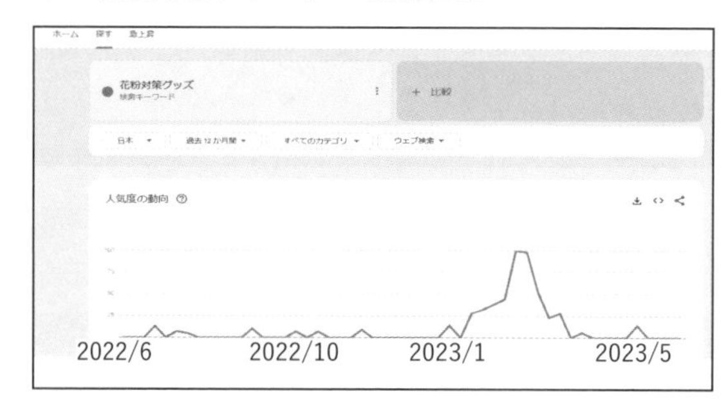

「花粉対策グッズ」というキーワードは２～３月にかけてグラフが盛り上がっているのがわかる。このように検索されやすい特定の時期を狙って動画の企画を考えるのもひとつの方法だ。

② ニュースサイト記事

インターネット上の各ニュースサイトには人気記事のランキングが表示されていることが多くあります。ランキング上位のコンテンツは多くの人に読まれている記事なので、その記事のテーマはトレンドといえるでしょう。記事を読めば、話題になっている理由も書いてあるはずなので動画を作るヒントにもなります。

インターネットニュースでは下記のサイトがオススメです。

トレンドを調べるときに役立つニュースサイト

- 芸能情報
  お笑いナタリー、文春オンライン、ORICON NEWSなど
- 社会問題や生活情報
  NewsPicks、Yahoo!ニュース、Smart Newsなど

インターネットニュースは次のように活用します。

たとえば、あなたはクルマのメンテナンス動画を投稿していたとします。ネットニュースを見てみると、「映画○○で使用の▲▲というクルマが限定１００台で販売へ」という記事が出ていました。これをヒントに「予算３万円で映画○○の▲▲というクルマみたいにカスタマイズしてみた」のような企画を思いつくことができます。

上記のニュースサイトでなくとも専門分野に特化したニュースサイトであれば、その分野の情報を探しやすいです。特定の分野で注目を浴びているテ

ーマはインターネット全体としての検索数は少なくても、一定のニーズを狙えることがあります。

③ YouTube

YouTubeを使ってトレンドを調べる場合は下記の通り、Googleのサジェスト（提案）機能を使って関連性の高いキーワードを表示します。サジェスト機能とは、入力された情報からあるキーワードを提案してくれる機能のことです。

サジェスト機能を使ったトレンドの調べ方

① YouTubeの検索窓に気になるキーワードを入力
② ①で入れたキーワードの頭に「_（アンダーバー）」を入力

上記のように調べると、検索窓にそのキーワードと関連性の高い、別のキーワードの候補が表示されます。表示されたキーワードは検索されることが多いキーワードを示しています。

▼YouTube検索窓で「_デジカメ」を入力した結果

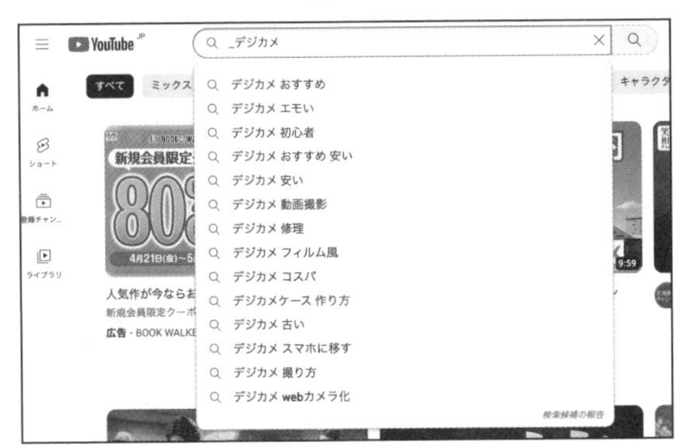

サジェスト機能を使って検索頻度の高いキーワードを調べることができる。

たとえば「_デジカメ」と入力すると「デジカメ おすすめ」など動画ネタの定番になるキーワードが表示されます。他には「デジカメ 修理」というキーワードも表示されました。

これをもとに、デジカメの修理動画をメーカーやカメラごとに作るという企画を思いつくことができます。

このとき、必ずしもキーワードに忠実に企画を考える必要はありません。先の例でいえば、「さすがに自分で修理はできない」から、動画投稿は無理だなと思わずに、「A社のレンズが故障したときはWebサイトを確認してから連絡しよう。そのときは購入日時も忘れずに伝えよう」といった内容でも企画として成立します。これなら、デジカメの技術的な知識がなくても動画を制作できます。

必要なのはキーワードを検索した人に喜ばれる内容であることです。すべての人に魅力的な動画はありません。マニアックな内容を調べている人はメーカーのWebサイトではなくYouTubeで調べているかもしれないのです。

YouTube動画で求められているニーズに自分ならどう応えることができるだろうか。この感覚でキーワードを探して動画のネタを見つけていきます。

トレンドは世界中で盛り上がっているものもあれば、日本だけや特定の地域で盛り上がっている内容もあります。

Yahoo!ニュースでは、日本での盛り上がりがわかりますし、ニュースサイト記事ならマニアックなトレンドをチェックできます。一方、YouTubeでの検索はYouTube上でのトレンドを見つけられるわけですから、YouTube動画で求められているテーマをドンピシャで探し当てられます。

ちなみに、より詳しくトレンドを調べたい人にはYouTubeを分析するツール「vidIQ」がオススメです。「どんなキーワードがウェブ上で検索されているのか」をスコア表示できるほか、キーワードの競争率がわかるなど動画制作に役立つ機能が満載です。

▼分析サイト「vidIQ」でのキーワード検索ページ

YouTubeの分析サイト「vidIQ」なら動画ごとに最適なキーワードを提案してくれる。

トレンドはあっという間に変化していきますので、はっきりした正解があるというわけではありません。日常的にトレンドを検索するようにしつつ、自身の趣味や嗜好に組み込ませられると、自分ならではの動画を投稿できるようになるでしょう。

視聴者ターゲットを見定める #で「市場」をリサーチする

隠れ YouTuber

隠れ YouTuber

▶瞬間的なトレンドだけを狙うのは継続収益にならない

トレンドを調べたら、次は市場のチェックです。

どんなにトレンドに乗っていた企画であっても、その盛り上がりが瞬間的であっては再生回数を稼げないかもしれません。動画を作っている間に、そのトレンドが終わってしまっては、視聴者の興味を引けない可能性があるからです。

そこで、トレンドで調べたキーワードが本当に視聴者から需要があるのか＝市場を調べることが大切です。投稿しようと考えている動画に想定される視聴者がどれくらいいるのかを調べるわけです。

一定数の視聴者から継続的に需要があるテーマなら、そのトレンドに乗って視聴してもらえる可能性が高まります。

動画を見てもらうことに成功すれば、視聴履歴に残ったり、チャンネル登録をしてもらうことにつながり、自分のチャンネルの動画を継続的に視聴してもらう導線を作ることができます。

▶#（ハッシュタグ）を市場調査に活用しよう

市場は#（ハッシュタグ）を使って調べるのが王道の方法です。

#はカテゴリーをまとめる機能のことで、SNSでは一般的になりました。

Twitter や Instagram、Facebook、TikTok で「＃●●●」と検索すると、同じ＃がつけられたコンテンツがまとめて表示されるページが現れます。

YouTube では、タイトルと概要欄に＃とキーワードを入力すると、その＃でのまとめページに飛べるリンクが表示されます。この＃につけたキーワードは検索対象に入るので、YouTube の検索窓で「＃●●●」と検索することで、該当のキーワードが検索にヒットするようになっています。

市場を探るための＃の使い方は次の通りです。

＃と気になるキーワードを YouTube で検索します。

▼＃を使って調べる方法

「#腕時計」を検索窓に入力して検索すると、腕時計のキーワードがつけられた動画がまとめて表示される。

検索した結果、ヒットしなければ現状では市場がないということです。そのキーワードに関連した動画を作りたければ、自分が開拓していくくらいの心意気が必要です。

＃がヒットしたときは、その＃のページに表示された各動画を確認しましょう。確認してほしいのは次の３つです。

第2章

#（ハッシュタグ）で調べるべき3つの項目

① 動画の数
② 動画の視聴回数
③ 動画のアップロードのタイミング

①動画の数の基準は、20本以上です。これより少ないと、投稿されている動画の数が少ないため、市場はないと判断できます。逆に、20本よりも多ければ多いほど市場は大きいということなので魅力的です。

②動画の視聴回数は、1000回未満の動画がほとんどだと人気がないので、市場はないと判断できます。逆に1万回を超えている動画が頻発しているキーワードは市場が大きいといえます。

ただ判断が難しいのが、投稿されている動画のなかで数本だけ視聴回数が伸びているケースです。この場合、市場として大きいわけではなく一定のチャンネル登録者を持っているYouTuberなどによって視聴回数が伸びている可能性があります。

最後に③動画のアップロードのタイミングです。アップロードされた時期が1年を過ぎた古い動画しかない場合は、すでに市場がない可能性が高いでしょう。一方、1年以内のアップロードの動画が多いということは世間からの需要がある＝市場が大きいといえるでしょう。時期を問わずに継続的にアップロードされているキーワードは常に需要が見込まれる市場ですので、収益を狙ううえで魅力的です。

上記の3つの視点から#のまとめページを見ていくと、「たくさんの動画がアップされているけど、どれも視聴回数は少ない」「このキーワードは半年間に誰もアップしていない」「自分と同じくらいのチャンネル登録者数のチャンネルでも、視聴回数が伸びているキーワードがある」といった発見があります。

3つそれぞれに合致しているキーワードを見つけるのはなかなか難しいかもしれませんが、②動画の視聴回数と③動画のアップロードのタイミングは特に重視するようにしましょう。つまり、1年以内にアップロードされた動画が多くあり、かつ視聴回数が1000回を超えているキーワードを探すのです。

深掘りの“技術”で企画を「具体化」していく

▶ネタ切れでストップするのはもったいない

トレンドと市場をチェックして勝負できるキーワードが見つかったら、企画をより具体化していきます。

繰り返しになりますが、YouTubeで収益化してお金を稼ぐためには、継続的に動画を作っていかなければなりません。YouTube動画を投稿し始めた頃は「あれをしたい」「こんなこともしたい」と企画が次から次へと出るものですが、10本動画を撮影して投稿すると「ネタ切れ」になってしまったということは初心者の人によくあることです。

YouTubeで成功している人たちの共通点は、継続的に動画をアップしているということ。そのため、ネタを切らさずに企画を具体化する考え方をここでは解説していきます。

▶名詞を中心に企画を考えると企画は尽きる

ネタ切れになる人の多くに共通している企画の考え方があります。

それは、「名詞」だけで企画を作ろうとする点です。

わかりやすく説明するために、具体例を示しましょう。

あなたは「ハウツー動画」に取り組んでおり、「○○を紹介」「○○の使い方」などといった形で企画を考えているとします。

このときに○○に名詞だけを当てはめようとする人がよくいます。たとえば、「iPhoneを紹介」というような企画です。「iPhone」という名詞だけで企画を作ってしまうと１本撮れば終わりですよね。そこから派生する企画を考えて、「最新iPhoneのカバーケースを紹介」を思いついたとしても、これでは企画のネタはやがて尽きてしまいます。

名詞にかかる言葉を膨らませていく

ネタが切れない企画は次のように考えます。

ネタが切れない企画の考え方

① 名詞にかかる言葉を探す
② ①につながる動詞をくっつける

①は先ほどの例でいえば、「iPhone」にかかる言葉として「懐かしい初代の」というフレーズが思いついたとします。これで「懐かしい初代のiPhoneを紹介」という企画ができます。

さらに②の考え方を取り入れて「懐かしい初代のiPhone」につながる動詞を考えると、「懐かしい初代のiPhoneで最新アプリを使えるか試してみた」という企画を思いつくことができます。

ただ、一部のマニアック層には興味を持ってもらえるかもしれませんが、より多くの視聴者を狙うためにはイマイチかもしれません。そこで、今度は①で「ひび割れ」、②で「神コーティングを紹介」というフレーズを考えて、「ひび割れしたiPhoneが直ったように見える神コーティング技を紹介」という企画を思いつきました。

いかがでしょうか。普段ひび割れしたiPhoneを使っている人にとって、そそる内容になったのではないでしょうか。

今回は「ひび割れ」でしたが、これを「くすんだ」にしてもいいですし「指紋たっぷり」にしてもいいでしょう。

①と②の方法を組み合わせれば、どんどんネタを広げていくことができます。そのなかから自分がチャレンジできそうな内容を投稿していけばいいのです（図2-4）。

図2-4 企画を具体化する方法

「iPhoneを紹介」だけで終わってしまう。1本撮れば、別の新たな企画を考えなければならない。

「ひび割れしたiPhoneが直ったように見える神コーティング技を紹介」など、iPhoneだけでさまざまな企画が考えられる。

①と②の考え方で、ネタが切れない企画を考えるコツは内容を「深掘り」していくことです。iPhoneといっても、新しい仕様もあれば、古い型もあります。そこで「懐かしの初代」というキーワードを思いつくことができますし、iPhoneを使っている人で困っていることはなんだろうかと考えてみると、「ひび割れたiPhone」というフレーズを思いつけます。このように深掘りして、徐々に企画を具体化していくのです。

ここがポイント

企画の考え方の方法のひとつに「〜させる」パターンがあります。たとえば、「東京から大阪まで夜行バスに乗ってみた」というテーマに当てはめると、「普段飛行機を使っている友達に東京から大阪までの夜行バスを体験させてみた」といった企画を作ることができます。自分ひとりではなく、誰かを巻き込む動画になるので、楽しく動画を作りたい人にオススメです。

誰かに話したくなるネタは視聴回数がグンと伸びる

隠れ YouTuber

隠れ YouTuber

▶日常のコミュニケーションに使える雑学ネタが人気

ここまで企画の基本的な作り方を説明してきました。

再生回数と再生時間を伸ばしていくために、ひとつ重要な点をお伝えします。

私はこれまでのYouTube運営の経験から、人気が出る企画にはある共通点があることに気づきました。

それは「誰かに話したくなるネタ」です。

第1章でお話ししたように、共感を得られる動画がYouTubeでは人気を集めます。また、それとは別に新しい情報や意外と知られていない知識は、友人やビジネスシーンでのコミュニケーションに役立つことから、YouTube動画では再生回数が伸びる傾向にあります。

皆さんもちょっとした雑学知識を手に入れたら、友人や家族に話したいと思うことがありませんか。自分のなかで情報を消化して終わりではなく、情報を手に入れたあとにコミュニケーションとして活用できる。YouTube動画では、そのようなネタが好まれる傾向にあります。

ただ、新しい情報や意外と知られていない情報だったら、なんでもよいわけではありません。専門的な話や小難しい話だったら日常的なコミュニケーションでは役立たないかもしれません。

ですから、あくまで判断軸となるのは、「誰かに話したくなるネタ」というわけです。

▼「誰かに話したくなるネタ」のイメージ

YouTube動画を見た人がその内容を誰かに話せば、動画の再生回数が増える可能性がグンと高まる。

雑学やちょっとした教養レベルなどが理想

「誰かに話したくなるネタ」では、雑学やちょっとした教養レベルなどが理想的です。たとえば、下記のように「●●で▲▲がどうなる」といったフォーマットで企画に落とし込むと思いつきやすいです。

「相手のしぐさで相手があなたをどう思っているかわかる」
「秘密の調味料でインスタントラーメンがお店の味に変わる」

初心者の人は「▲▲が」という主語の部分を最初に考えてしまいがちですが、大切なのは●●の部分です。ですから、「●●で」を最初に考えると魅力的な企画を作りやすくなるでしょう。

上記のネタはちょっとした「お役立ち情報」といえるので、視聴者は日常のコミュニケーションでも使いやすいでしょう。動画を見た視聴者がさらに別の誰かに動画で発信したネタを伝えてくれると、動画が拡散される好循環が生まれます。

初心者でも
簡単に作れる

第3章

「共感」を得る動画ストーリーの作り方

動画ストーリーは3つの流れを意識する

▶共感を得るためのストーリーを作る

企画を決めたら、次に動画のストーリーを練ります。

なにもストーリーを決めずに撮影すると、せっかく魅力的な企画を考えたとしても、動画の内容に一貫性がなかったり、視聴者に内容が伝わらない動画になったりします。

また、事前にストーリーを決めておくことで、編集のときに「大事なカットを撮影してなかった」「最初と最後で矛盾している動画になってしまった」という事態を防止することにつながるため、ストーリーの作成はとても重要な工程のひとつです。

本章では、視聴者の共感を得るために効果的なストーリー展開の作り方を解説していきます。

▶最初から主張を伝えない

何度もいいますが、YouTube動画では共感を得ることが重要です。とくに顔出しなし、かつ初心者の人は顔が見えない分、共感を得られるストーリーで視聴者を引きつけることが一層肝心です。

ストーリー展開での共感の重要性をお伝えするために具体的に考えてみましょう。

たとえばAという製品のよさをYouTubeの動画で紹介したいと思ったとき、皆さんならどのようなストーリー展開を考えるでしょうか。

よくある間違いのひとつが、いきなり製品の魅力から話し始めることです。視聴者に興味を持ってもらおうと思っての行動でしょうが、あまり魅力的なストーリー展開だとはいえません。

なぜなら動画を見た視聴者が、その製品に最初から興味を持っているとは限らないからです。いきなり製品のよさを説明しても、視聴者はそもそもその製品についてまだ興味を持っていない段階かもしれません。

ビジネスの営業シーンを想像してもらうとわかりやすいでしょう。会話の冒頭から「弊社の製品は最先端の技術を使っていまして……」と言われても、聞き手側が興味を持っていない状態だったら「はぁ……」となってしまいますよね。

このようなことをYouTube動画でしてしまうと、再生回数を稼ぐことは難しいです。

まずは視聴者に興味を持ってもらうことが大切です。そもそも知りたい、聞きたいという気持ちになってもらうために、動画の最初では視聴者から共感を得る仕組みを作ります。

「皆さん、家を掃除するのが面倒だと思ったことはありませんか？」
「車のフロントガラスはすぐ汚れてしまいますよね」
「お花屋さんで素敵なお花を買ってきてもすぐにしおれてしまいますよね」

上記のように「あなたはこんなことで困っていませんか？」といった問いかけをして、視聴者が「うんうん、そうそう」「あるある」と共感を抱くようにするのです。視聴者はここで初めて動画の内容について、「もっと知りたい」「聞きたい」という気持ちを持ちます。

皆さんがこれから制作しようとしているYouTube動画でも、視聴者の共感を得る展開からスタートするのが、必勝の法則です（図3-1）。

図3-1　動画ストーリーの展開の仕方

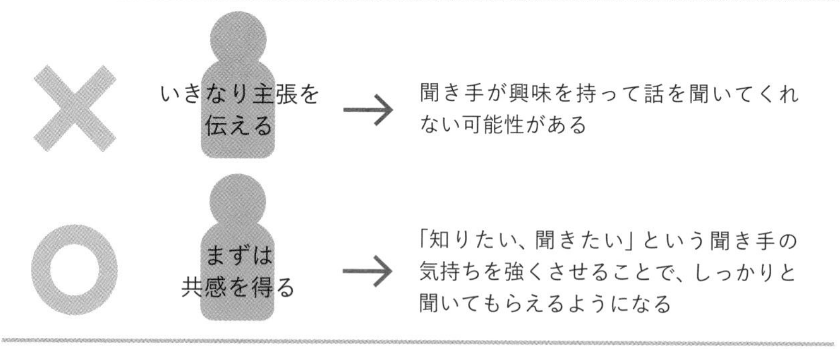

×	いきなり主張を伝える	→	聞き手が興味を持って話を聞いてくれない可能性がある
○	まずは共感を得る	→	「知りたい、聞きたい」という聞き手の気持ちを強くさせることで、しっかりと聞いてもらえるようになる

▶テレビ通販のストーリー展開は最強！

突然ですが、テレビ通販で洗剤を紹介しているシーンを思い浮かべてください。

どのような映像を思い浮かべたでしょうか。細部の違いはあるにせよ、おそらく似たようなストーリー展開が皆さんの頭のなかで再現されたことでしょう。

よくあるのが次のような製品紹介です。

【テレビ通販の流れ】

①「シルバーアクセサリーの黒ずみが気になるときありませんか？　水で洗ってもなかなかキレイにならなくて、力任せに磨いたら手も痛くなってしまいますよね。そこで、本日は黒ずんだシルバーアクセサリーが一瞬でキレイになる洗剤をご紹介します」

②「磨いてもキレイにならないときはこの洗剤！　鍋に水を入れてお湯を沸かして、沸いたお湯5に対してこの洗剤を1の割合で入れます。そして鍋の底にアルミホイルを敷いて、その上にシルバーアクセサリーを入れます」

③「すると、これだけで見違えるように黒ずみが取れて、まるで新品のように美しさがよみがえります。今回はこの洗剤を特別価格の1000円で提供します」

ほとんどの場合、テレビ通販は上記のような流れでストーリーを展開しています。その構成は、①共感→②差分→③決め手という３つに分かれます。

①は視聴者からの共感を得る段階です。悩みや困りごとをすくい上げて、視聴者の興味を引きます。

②は自分の主張を展開します。テレビ通販であれば、悩みや困りごとを解決するための商品を紹介します。このときに他の商品とどう違うのか＝差分をアピールすることで、視聴者の気をさらに引きつけます。

最後の③では、相手に行動してもらうためのダメ押し要素です。上記では特別価格という表現を使うことで、お得感を出して視聴者の購買欲を刺激しています。

テレビ通販の目的は紹介した商品をその場で売ることです。つまり、視聴者から共感を得て興味を持ってもらい、さらに主張を上手に伝えなければいけません（＝商品のアピール）。①共感→②差分→③決め手という展開は、限られた時間で伝えるために生まれた手法であり、全く無駄がありません。まさにストーリー展開の基本であり、王道といえるでしょう。

実際、テレビ通販に限らずにビジネスのプレゼンテーションやさまざまな動画コンテンツに用いられています。

視聴者に共感を得て動画を見続けてもらうために、この①共感→②差分→③決め手を意識して取り入れていくことが大切です。

「起承転結」で詳細なストーリー展開を構成する

#隠れYouTuber
#隠れYouTuber

▶起承転結でストーリーを考える

①共感→②差分→③決め手を意識してストーリーを作るといっても、なかなか初心者の人には難しいことでしょう。

そこで役立つのが「起承転結」というフォーマットです。「起承転結」は、相手にこちらの言いたいことをわかりやすく伝えることを目的に使用する論展開の方法です。作文や論文の書き方、プレゼン、資料などの作成でよく使われますよね。

動画の撮影でも①共感→②差分→③決め手を意識しつつ、「起承転結」に沿ったストーリーを作っていくと、視聴者に伝わりやすい動画を作ることができます。

実際に、下記の動画を作ることを想定して起承転結のストーリーを考えてみましょう。

【動画のテーマ】「iPhoneの裏技を教える」
【内容】iPhoneのカメラをすぐ起動できる方法を教える。「アクセシビリティ」の設定でiPhoneの背面を２回タップしたらカメラが起動するようにできる。

「起」：シチュエーションセットする

「起」ではストーリーの始まりを作ります。ポイントは、動画でなにが語られるのかを視聴者に示して動画の全体像を伝えることです。動画の全体像を示すことは、シチュエーション（状況）を説明することから、専門用語では「シチュエーションセット」といわれることがあります。

動画の最初にこれから語られる内容を説明されれば、視聴者は動画の全体像を理解できます。視聴者は動画への安心感が生まれて、全体像を理解することで各論へもスムーズに話を移すことができます。

〔動画のセリフ〕
「iPhoneの設定にはショートカットの設定があるのを知っていますか？実はある操作で、カメラをすぐ起動させることができます」

「承」：共感を得るためのフレーズを盛り込む

「起」で「シチュエーションセット」したことを受けて、具体的な状況などを説明していきます。ここでは、視聴者に動画の内容を知りたいと思わせるために、「こんなことで困っていませんか」といった具体的な状況を提示して共感を得ます。

また、共感を得るだけではなく「この情報を知らないと損している」「こんなに便利な機能を使っていないの？」といったように視聴者を煽る文句もいいでしょう。つまり、動画のメインの内容が知りたくなるように盛り上げることを狙うのです。YouTubeの動画ではこういった一見ネガティブな内容を上手く盛り込めると再生回数が伸びる傾向があります。

〔動画のセリフ〕
「皆さんのなかに、本当は思い出に残るシーンだったのに撮り損ねたという経験はある人はいませんか」
「旅行中にカメラアプリを探している間に決定的瞬間を取り逃してしまったことはありませんか」
「便利な機能をたくさん備えている最新版iPhoneを持っているのに、使いこなせていないなんて損をしていますよ」

「転」：90秒を一区切りにしてテンポよく話を進める

「転」は字のごとく、最後の「結」につなげる大切な部分です。

結論につなげるために、動画の最もポイントとなる内容を話します。

下記のセリフでは、iPhoneの簡単な設定でカメラアプリを起動させる方法をできるだけ詳しく述べています。

〔動画のセリフ〕

「皆さんにカメラアプリを一瞬で起動させる方法を紹介していきます。iPhoneの背面をトントンと2回叩くと、ほらカメラが起動するんです。これがiPhoneのアクセシビリティ機能です。

アクセシビリティ機能を使うには、あらかじめ背面タップにカメラアプリの起動を設定しておく必要があります。実際に設定してみましょう。

まず、iPhoneの「設定」から「アクセシビリティ」をタップします。表示される「タッチ」を押すと、「背面タップ」が出てきます。ここで、ダブルタップにカメラアプリの起動を設定します。iPhoneの背面を2回タップすると、カメラアプリが起動するようになるんですよ」

ここで、ぜひ知っておいてほしいことがあります。それは「人が映像を見るときに集中できるのは90秒まで」ということです。

「承」と「転」ではさまざまな情報を提供していきますが、これらひとつひとつの情報を専門用語で「手」ということがあります。この手（情報）を多く出すことを「手数（てかず）を多くする」というのですが、このひとつひとつの手を90秒以内に抑えるのです。人が映像を見るときに集中していられる最長の時間は90秒だといわれているため、90秒ごとに話の展開をテンポよく進めていくことで、視聴者を引きつけられるようになります。

90秒ルールは話の展開だけではなく、カメラの切り替えにも適用できます。動画を作るときにはさまざまなポイントで使える知識なので、ぜひ覚えておいてください。

「結」：チャンネル登録を促すフレーズ

最後に、「結」を作ります。「結」は最も大切なことを伝えないといけません。YouTube動画の目的は、「YouTubeから収入を得られるようにする」ことです。これを「結」に持ってきます。

〔動画のセリフ〕
「ちょっとの設定でiPhoneを便利に使えるようになりました。知らないと損なことってたくさんありますよね。
私は毎日、得する裏技をマスターするように日々研究しています。
iPhoneに限らずAndroidやパソコン、さらには電気代を節約する方法まで、知らないと損することを皆さんにお伝えしています。
動画は定期的に公開しているので、損をしたくないと思ったあなた。情報を逃さないように、ぜひこのチャンネルを登録してくださいね。それではまた次の動画でお会いしましょう！」

iPhoneのカメラアプリの設定の方法を「結」に持ってくると思った人にとって、この「結」は意外に感じたかもしれませんね。

皆さんがYouTubeから定期的に収入を得るために必要なことは、ご自身の動画を視聴してくれるチャンネル登録者を増やすことです。ですから、「結」には必ず「チャンネル登録してね！」といったお決まりのセリフを入れるようにしましょう。

チャンネル登録は視聴者にとって有益な情報を逃さないための重要なポイントですが、これはYouTuberにとっても同様です。YouTube動画で収入を得ていくためには継続的に視聴してくれる視聴者が重要です。つまり、チャンネル登録はお互いのメリットが合致した結果なのです。

ただ、視聴者はメリットを感じなければ、チャンネル登録をしてくれません。上記のセリフでは、「損をしたくない」といった言葉を入れて視聴者にメリットをもたらす動画を配信しているとアピールしているのもポイントです。

「承」を最初に持ってくると視聴者は動画に引き込まれる

▶SNSコンテンツはツカミが9割

「起承転結」のストーリーの作り方について説明してきました。

実はYouTube動画をはじめとしたＳＮＳで「起承転結」を活用するには、ウィークポイントがあります。それは「起」からスタートしてしまうことです。

YouTube動画ではスタートでのツカミ（＝視聴者の心をわしづかみにすること）がとても重要です。SNSだけでなくNetflixなど、たくさんのネットコンテンツがあふれている現在、動画の最初で視聴者を引きつけないと最後まで視聴してくれない傾向が高まっているためです。

「起承転結」の「起」は動画の全体像を説明するだけですから、ツカミという点で見ると弱い傾向にあります。そのため、シチュエーションセットだけで視聴者に面白そうと思わせるのはなかなか難しいのです。

ではどうすればよいのでしょうか。

答えは、メインのコンテンツへのフリの部分である「承」を最初に持ってくることです。

「承」は動画の内容が知りたくなるように盛り上げる役割があると説明しました。視聴者に興味を持ってもらうために、「承」を最初に持ってくることで共感を得てもらいやすくなります。

なお、このストーリー展開を上手にしているのが、コラムの243ページでご紹介している「離婚してひとり暮らし*ボッチ主と猫の孤独生活」のチャンネルです。最初に動画の雰囲気を伝えるシーンを挿入することで、視聴者は最初から引き込まれてしまうのです。

▶「承」は動画を煽るダイジェスト

「承」を最初に持ってくるというと、順番を入れ替えて「承起転結」にするのかと思われることでしょう。私の方法では順番は入れ替えずに、「承」をプラスして、「承」＋「起承転結」で作るようにしています。つまり、オープニングで視聴者の共感を得たあとに「起承転結」でストーリーを展開するわけです（図3-2）。

図3-2　「承」＋「起承転結」の流れ

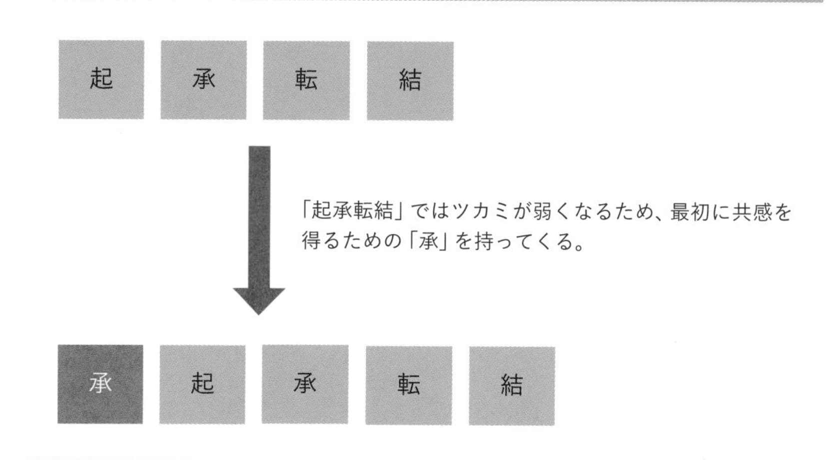

順番を入れ替えて「承起転結」にすることもできるでしょうが、ストーリーのつなげ方に違和感が出てくるため、初心者の人にあまりオススメしません。

「承」が2回出てくることになりますが、この手法は映画やテレビでもよく使われています。

たとえば、テレビの連続ドラマを思い浮かべてください。連続ドラマでは前回までのあらすじがわからないと、話の内容についていけない視聴者が出てくるかもしれませんよね。そのため、視聴者の前提知識をサポートするためにオープニングに、「前回までのあらすじ」などを入れる傾向にあります。

最近では、ストーリーの前提知識を提供するために使うだけではなく、ネット文化が浸透してきたことから、面白い部分や見たくなる部分を最初に挿入することも増えてきました。これがまさに「承」の部分です。

▶15〜30秒で導入の「承」を作る

導入部の「承」の作り方を説明していきましょう。

ポイントは時間の長さです。

あくまで視聴者に期待を持たせるための役割なので、コンパクトにまとめる必要があります。ひとつの基準として、15〜30秒以内で作ってみるといいでしょう。15〜30秒以内はテレビCMと同じ長さです。長すぎずに見どころもしっかり伝えられる時間です。

前項で取り上げた具体例「iPhoneの裏技を教える」で「承」を作ると、下記のようになります。

〔動画のセリフ〕
「カメラアプリを探している間に撮りたいものを撮り損ねた！　有名なインフルエンサーがInstagramなどに決定的瞬間の写真がアップできているのはなんでだろうって思ったりしていませんか？
そんなあなたにカメラアプリを一瞬で起動させる設定を教えます」

共感を得るための要素だけでなく、動画全体の内容がわかるセリフとなっているのがおわかりいただけるでしょう。このあとに前項で説明した「起承転結」を持ってくれば、最初から視聴者の気を引ける動画に生まれ変わります。

ズボラさんでもできる簡単な台本の作り方

▶重要なポイントを書いた台本を作ろう

「ストーリーを作ることができましたが、撮影のときには緊張してその流れを忘れてしまいます。話す内容を細かく書き記した台本を作りたいのですが……」

よく相談を受ける内容のひとつです。
この相談に対して、私は「台本は細かく作る必要はありません」と答えています。緊張しやすい人であっても、動画内容が複雑であってもです。
なぜなら、一般の人が台本を作ってしまうと、台本を読むだけの雰囲気の堅い動画になってしまう傾向にあるからです。台本に頼り切った喋りは、そもそもの伝えたい内容が視聴者に伝わり切らない危険性があるのです。

ただ、それでも台本はあったほうが安心という人も多いことでしょう。
台本を作る場合には、次の2点を押さえるようにしましょう。

使える台本の特徴

① 全体のおおまかな流れを確認できる
② 大事なキーワードを確認できる

YouTube動画では、全体のおおまかな流れを把握しつつ、話すべきポイントを押さえる。①と②を記載した台本（これを「構成台本」といいます）があれば十分です。具体的に次のようなことを記載します。

構成台本に入れる要素

・なにを話すか
・どの順番で話すか
・時間はおおよそどれくらいか
・なにを用意するか

構成台本には細かいセリフやテロップ（字幕）に表示する文言などは書かないため、事前準備に手間がかかりません。また、オープニングやエンディングなど、どの動画にも共通する部分があるはずなので、一度構成台本を作ればフォーマットとして次から使用できるメリットがあります。

なお、芸能人が出演するトークを中心とした番組では構成台本だけのことが少なくありません。

たとえば、オープニングやエンディング、告知など正しく伝えなくてはいけない場面はセリフが書かれている一方で、トーク中の展開については、「○○さんの話を受けてトークしてください（3分）」といったように、おおよその時間と簡単な指示を記載するだけのことがあります。

構成台本の大きな魅力は台本を読むのではなく、普段の会話のように自然に自分の話し方で進行できることです。

これからYouTube動画を始めようとする人が完璧な台本を作って撮影に臨んでしまうと、どうしても不自然な語り口調になってしまいます。構成台本はそれを防ぎながら、かつストーリーや伝えたいことを忘れないようにする役割を担います。

▶自分だけの台本を作るためにテンプレートを用意する

構成台本の作り方を説明していきましょう。

構成台本では、ストーリー展開で用いた「起承転結」、もしくは「承」＋「起承転結」ごとにブロックを作って表にするのがオススメです。

それぞれのブロックに時間と目的、絶対いわなければならない大事なキーワードやフレーズを記載しておきます。

細かいことを事前に決めておきたい性格の人であれば、台詞やストーリー展開だけでなく、必要な小道具や撮影場所などを一緒にメモしておくと、構成台本を見るだけでなにを準備したらよいかがわかるようになります。

図 3-3　構成台本のイメージ

タイトル「たった 300 円で激変！　コンビニ弁当を高級料亭のご飯に変える魔法の調味料を試す」

撮るもの	構成
自分	①オープニング（0 分 30 秒） 皆さんこんにちは。平日は 500 円ランチ、週末は 3000 円ランチの丸の内系 YouTuber ○○です！
自分	②前フリ（1 分 00 秒） 今日はコンビニ弁当のご飯に「あるもの」を混ぜるだけで高級料亭のご飯のようになるという、魔法の調味料があるということで実際に試してみたいと思います。
自分	③弁当準備（1 分 30 秒） さ、ということで近くのコンビニで買ってきました。
弁当	じゃーん！　定番の「のり弁当」です。これだけで食べても美味しいんですけど、このご飯を高級料亭の味に変えてみようと思います。
自分	④魔法の調味料（4 分 00 秒） では早速この調味料を使ってみましょう。

撮影する対象物とシーンの目安時間、大事なセリフを記載する。この例ではセリフが詳しく書かれているが、絶対いわなければいけないキーワードのみを書くだけでも OK。

構成台本を作るコツは本章で説明した「起承転結」の流れに沿ってシーンごとに考えること。そうすれば、動画のつながりがわかる理想的な構成台本が作れる。

撮影するものだけではなくて、小道具や撮影場所などを記載すれば撮影ミスの防止につながる。

また、あまり準備に時間をかけたくない人であれば、セリフとストーリー展開だけに絞ったシンプルな構成台本を作るだけもよいでしょう。

一度構成台本を作ってしまえば、それをテンプレートにして次回の撮影に活用することができます。オープニング、エンディング、告知など書くべきポイントは毎回同じはずなので、フォーマットはそのままにそのときの撮影の内容を書き換えるだけでいいのです。

間違えたくない部分は
カンペを作って正確に伝える

構成台本は読み上げるためのツールではない

構成台本を作ったら、本番の撮影はそれをもとに進行します。

このときのポイントは構成台本に書いてある内容を読まないようにすることです。あくまで構成台本は全体の流れを確認するためのものだからです。

とはいえ、動画の内容によっては長い文章を正確に伝えなければならないシーンもあるでしょう。そんなときはプロのアナウンサーやタレントが使っている「カンペ」を使いましょう。

アナウンサーやタレントといったプロフェッショナルな人たちでも長いセリフを間違えたり、言葉そのものが飛んでしまったりするということは少なくありません。一般の私たちが長いセリフをそのまま完璧に覚えることができないのはしょうがないのです。むしろ、それを気にして動画撮影が嫌いになってしまったら元も子もありません。

カンペを使えば、長い文章でも正確に伝えられるようになります。

カンペは使いやすさを重視する

顔出しなしでも役立つカンペとはどのようなものなのでしょうか。

そもそもカンペの作り方を説明している書籍やウェブサイトは少ないので、多くのYouTuberは自己流で作っているようです。

たとえば、セリフをそのまま印刷してカンペにする人がいます。しかしこれは、字が小さくて読みにくかったり、読み間違えをしたりする原因になります。

最悪の場合、棒読みになって言葉に感情が乗らなくなり、動画のクオリティの低下につながります。とくに顔出しなしで棒読みの喋りになってしまったら、視聴者は興冷めしてしまうでしょう。

また、セリフをすべて印刷してカンペにすることで、準備にたくさんの時間をかけてしまうケースもあります。これでは、動画投稿に時間がかかりすぎて、効率が求められる副業としてはあまり好ましくありません。

カンペで最も重視することは「使いやすさ」です。誰にとっても、使いやすいカンペの作り方をここで紹介しましょう。

① 息継ぎの部分に「／」を入れる

セリフをそのままコピーしたカンペは、途中でどこを読んでいたのかを見失ってトークのリズムが止まってしまう原因となります。

これを防ぐには文のまとまりをわかりやすくすることです。息継ぎの部分に／を記載することで、よどみなく話せるようになります。

【ビフォー】

皆さん、こんにちは。金が食べれるの知ってます？え！知ってるって。でもそれってお節料理とか日本料理とかで金箔が上にのってるやつですよね。この金箔をラーメンにのせてるやつがあるんです。今日はこの前京都で食べてきた金箔ラーメンをレポートしますね。

【アフター】

皆さん、こんにちは。/金が食べれるの知ってます？/え！知ってるって。/でもそれってお節料理とか日本料理とかで金箔が上にのってるやつですよね。/この金箔をラーメンにのせてるやつがあるんです。/今日はこの前京都で食べてきた金箔ラーメンをレポートしますね。/

これで文章ごとのまとまりができました。意識的に息継ぎのポイントを決めることで、落ち着いて話すことができます。とくに本番の撮影では緊張して一気に話すこともありますが、その防止にもつながります。

なお、息継ぎする個所は人によって異なります。上記と全く同じでなくてもいいですが、たいていの場合は一文ごとの区切りとなるでしょう。

② 話の区切りで段落を分ける

動画編集のテロップ（字幕）の付け方（166ページ参照）でも触れますが、人間が瞬間的に認識できる文字数には限界があります。一般的に15文字程度だといわれていますので、カンペを作る場合は１行の文字数は多くても20文字以内に収めるとよいでしょう。１行を20文字以内に収めるという方法は、実際にプロの動画編集者も使っているテクニックです。

【１行を20文字以内に収める】
皆さん、こんにちは。/金が食べれるの知っ
てます？/え！知ってるって。/でもそれっ
てお節料理とか日本料理とかで金箔が上にの
ってるやつですよね。/この金箔をラーメン
にのせてるやつがあるんです。/今日はこの
前京都で食べてきた金箔ラーメンをレポート
しますね。/

１行を20文字以内で改行するだけで、瞬間的にパッと文字が目に入ってくるように感じられるのではないでしょうか。

さらに読みやすくするために、できる限り文章の区切りのよいところで改行します。

ポイントは、息継ぎの位置に注目することです。息継ぎしてから次の息継ぎまで20文字以内の場合はそれで１行とします。

なお、「この金箔をラーメンに……」の行は20文字を超えていますが、そのままにしました。20文字をちょっと超えても、改行することで逆に変になりそうなら文章の区切りを意識してそのままにしてもいいのです。

１行を20文字以内にするルールは厳格ではありません。

【区切りのよい位置で改行】
皆さん、こんにちは。/
金が食べれるの知ってます？/
え！知ってるって。/
でもそれってお節料理とか日本料理とかで
金箔が上にのってるやつですよね。/
この金箔をラーメンにのせてるやつがあるんです。/
今日はこの前京都で食べてきた
金箔ラーメンをレポートしますね。/

③ 文字を大きくして大切なキーワードは強調する

ここまででだいぶ読みやすくなりました。さらにセリフに抑揚をつけるために大切なポイントをわかりやすく強調します。

大切なポイントをわかりやすく強調するには太字にしたり、黒字の文章の大切なところだけ赤色にしたり、「」でくくったり、文字の上に点を打ったりします。いずれの方法でも自分がわかりやすいことが重要です。ここでは、太字にして文字の上に点を打ちます。同時にカンペの文字全体を大きくしてみましょう。

皆さん、こんにちは。/
金が食べれるの知ってます？/
え！知ってるって。/
でもそれってお節料理とか日本料理とかで
金箔が上にのってるやつですよね。/
この**金箔をラーメンにのせてるやつ**があるんです。/
今日はこの前**京都**で食べてきた
金箔ラーメンをレポートしますね。/

「金が食べれるの」「金箔をラーメンにのせてるやつ」「京都」「金箔ラーメン」の４つのキーワードをピックアップして強調しました。実際に読んでみればわかりますが、この４つのキーワードさえ間違えなければ、前後のいい回しが多少変わっても話は伝わります。これが「使えるカンペ」の作り方です。

カンペに慣れると、キーワードだけあれば他の文章はいらないという人も出てくるようになります。

先の例でいえば、「金が食べれるの」「金箔をラーメンにのせてるやつ」「京都」「金箔ラーメン」と４つのキーワードを話す順番に書いておく。あとは本番の撮影で動画内容に沿って話を進めます。

この方法はキーワードを入れておくだけでいいので、長い撮影のときにも有効です。たとえば、10分間のトークをするときに忘れずに伝えたいことをキーワードとしてメモするだけでも役に立ちます。

YouTube動画の制作・配信を副業として考えた場合、いかに効率よく行えるのかが大切です。本業のお仕事で多くの時間が取れない人もいらっしゃるでしょう。キーワードだけのカンペを作れるようになれば、忙しい人でもちょっとした空き時間で手間をかけずに動画が作れるようになります。ですから最終的にキーワードだけのカンペを目指すようにしてください。

ちなみに、私もテレビやラジオでお話しさせていただくときは、キーワードをあらかじめメモします。本番中は話したキーワードはその都度ペンで消す。これだとなにを話してなにを話していないかもわかりますよね。皆さんも同じように動画撮影で話したキーワードを消していけば、自信を持って話せるようになります。

Column ②

この「隠れYouTuber」に聞く！

顔出しなし × スマホだけ の"リアルな実情"

毎月３万円以上の収入を得ている隠れYouTuberはどのように活動しているのか。顔出しなしでも人気を集められる工夫やこだわりの撮影ポイントなどをインタビュー。

＼ このチャンネルにお話を聞きました！ ／

チャンネル名：『penchan vlog』

お名前：penchanさん
チャンネル登録者：2.55万人
動画総再生数：390万8772回
（2023年6月9日時点）

東京のカフェ、パン屋、グルメを紹介するVlog動画を展開。実際にお店を訪問して人気商品をレビューすることで、一緒にカフェやパン屋さんを巡っているような感覚を楽しめるチャンネルだ。

視聴者目線のお店紹介で海外からの視聴者も増加中！

平日は仕事をしながら、その合間や休日に動画制作を行っているpenchanさん。友人にスイーツやカフェのお店を紹介するのが好きだったことから、YouTube動画でオススメのお店を紹介するようになったそう。１本、１本の動画にこだわりが感じられる『penchan vlog』はどのように作られているのでしょうか。

――まず、YouTubeでカフェ巡りのVlogを始めることになったきっかけを教えてください。

もともと動画で発信することに興味があってYouTube動画は以前から投稿していたんです。ただ、再生回数が伸びない時期が続いていました。どうしようかと悩んだ結果、好きなことを発信しようと思って、大好きなカフェ巡りをVlog動画で始めたんです。

――自分が興味を持つジャンルはチャレンジしやすいですよね。『penchan vlog』はおしゃれな雰囲気の動画ですが、心がけていることを教えてもらえますか。

視聴者さんに喜んでもらえる内容にするために、Vlog動画で紹介するカフェやパン屋さんをSNSなどでリサーチしています。たとえば、Instagramのフォロワーさんからのコメントや食べログなどを参考に、次はどこに撮影に行くのか決めているんです。

――収益化するまでには、どのくらいの期間がかかりましたか。

約１年です。もともと私がVlogを始めた理由は収益目的ではありません。１本、１本の動画にこだわって時間をかけて制作しているため、投稿する動画の本数は不定期で１週間に１本くらいです。カフェ巡りにかかる費用を収益で補えればいいかなぐらいの感覚なんです。収益目的で本数を増やしていれば、もっと短い期間で収益化できたかもしれませんね。

――１本、１本にこだわった結果、現在では２万6000人近くチャンネル登録者がいらっしゃいます。

お店の魅力を伝える動画をいろんな人に見てもらえているのが、とても嬉しいです。私の動画では、日本人の方にはもちろん、世界中の人に伝えたいと思って、多言語（英語やイタリア語など）設定で20言語の翻訳に対応しています。コメント欄には海外の方からのメッセージが多いのも特徴で、さまざまな人に見ていただいているなという実感があります。もしかしたら、これも視聴者さんが増えているひとつの要因かもしれません。

――動画を拝見すると、実際にお店に訪問して撮影されているシーンが印象的です。現場の撮影では意識していることはありますか？

まず、私は平日は仕事があってまとまった時間が取れないため、お店に行って撮影することができません。だから、週末の休日にカフェやパン屋さんを２～３軒巡ってまとめて撮影するようにしています。

お店での撮影で一番心がけているのは、どうやったら食べ物が美味しく見えるか。たとえば、オススメのケーキを紹介する動画であれば、なるべくいろんな角度から撮影したり、画面いっぱいにケーキが広がるように撮影したりするなど工夫しています。パンの食感やスイーツのふわふわ感だけでなく、「パンやスイーツの中身にこういうものが入っているんだ」ということが伝わるように、美味しく見えることを意識しながら、ちぎったり切ったりして中身を映すことがあります。

そうやってたくさん撮影したシー

ンから魅力が伝わる映像を編集のときに選んで使っています。

また、スマホはデータの保存容量が少ないです。実際は、公開している動画よりも多くの動画を撮影していますので、スマホのデータ容量がいっぱいになってしまうんです。そのため、撮った動画データはすぐにパソコンに移してスマホからはデータを削除するようにしています。

それと、顔出しなしのチャンネルなので、お店の鏡や窓ガラスに自分の姿が映らないように細心の注意を払っています。マスクと帽子で顔がわからないようにする、もしくは編集でモザイク処理をかけるようにしています。

——顔出しなしのお話が出ました。身バレを防ぐことで、代わりにチャンネルにファンがつきづらいと感じたことはありませんか。

確かにそのデメリットはあるかもしれません。

私は顔出しをしないからこそ、チャンネルの特徴を出すために、ペンギンのキャラクターをアイコン化して動画に登場させています。

——ご自身が出ない代わりに、キャラクターを登場させて、視聴者さんにも覚えてもらっているんですね。

はい、ペンギンのキャラクターは、チャンネルアイコンやトップバナーなどにも設定することで、チャンネル全体にかわいい雰囲気を演出できていますね。

——編集でこだわっている部分はありますか？

商品の名前や価格などは時間が経てば変わることがありますが、訪問した時点での情報を正確に書くことを意識して編集をしています。お店のメニューも映して、視聴者さんが一緒にカフェ巡りを楽しんでいるような体験ができる映像にしています。

——ありがとうございました。最後に、これから隠れYouTuberを目指す読者にアドバイスをお願いします。

YouTube動画では動画をアップしたあとの分析も大切です。私はどういった動画が見られるのか「YouTubeアナリティクス」を見て分析しています。とくに視聴者さんの興味が数字でわかりやすく表れる「クリック率」をチェックするといいかもしれません。

『penchan vlog』
チャンネルはこちらから

https://www.youtube.com/@penchanvlog

顔出しなし×
スマホだけ

第4章

ゼロから始める YouTube動画撮影

身バレしないために知っておきたい撮影知識

#隠れYouTuber

▶身バレにつながるモノを映さないようにする

隠れYouTuberとして活動していても、ある日突然に身バレすることはあります。身バレする原因の多くは動画に映っているモノから特定されることですが、インターネットでなんでも調べられる時代になった現在、意外なところから身バレしてしまうことがあります。

本章の最初では隠れYouTuberでずっと活動していくために、身バレしない方法を説明しましょう。

たとえば、YouTuberとして活動し続けるために、撮影時に映らないようにしたいのは次の項目です。

身バレにつながる主なポイント

- 家族
- 仕事や学校のユニフォームや制服
- 話のなかに出てくる固有名詞、いい回し
- その街や土地ならではの景色
- 名札や名刺、名前入りの賞状や写真
- 人物を特定できるモノ（記念品のトロフィーなどでも、大会名や順位などの刻印から身バレにつながることがあります）

上記では、ユニフォームや制服はどの仕事や学校でも同じだと思うかもし

れませんが、学校や仕事場の特定につながります。そこから、声や体型、所有しているモノが紐づいて、本人だと気づかれやすくなります。

身バレを防ぐには、上記に関連したモノを事前に書き出しておくのがオススメです。書き出しておけば、撮影時に毎回意識しますし、撮影したあとでも編集時に気づけばモザイクをかけるなどして対応できます。

▶カメラの角度を調整して映したくないモノを撮らない

身バレにつながるモノをチェックしたら、それを映さないようにしなければなりません。

初心者でも簡単にできる撮影方法をお伝えしましょう。

ひとつは、カメラの位置を調整することです。見えてはいけないモノが映ることを映像業界では、「見切れる」といいますが、カメラの角度を調整したり、グッと被写体に寄ったりすることで、周りができるだけ映らなくなる構図を作ります。

▼スマホの角度調整

スマホを洗濯バサミで挟んで、上に向けた角度をつけると気になる部分が映らなくなります。

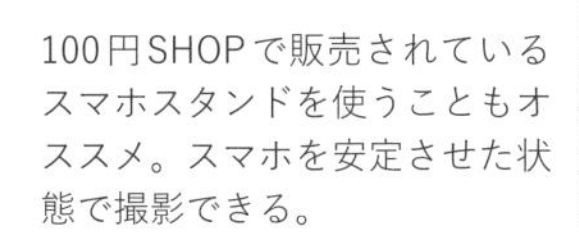

100円SHOPで販売されているスマホスタンドを使うこともオススメ。スマホを安定させた状態で撮影できる。

この方法はシンプルで手軽な反面、映さないといけない部分に影響が出たり、なにかを隠した結果、見栄えの悪い構図になったりすることがあります。そういったときには映ってはいけないモノを他のモノで隠します。これが2つ目の撮影方法です。

たとえば、テレビでは司会者の席に花の鉢植えを置いてあることがありますよね。華やかに見せるだけではなく、手元の原稿や進行用の時計などを隠す目的の場合があります。

同様にYouTubeの動画撮影でも、壁にかかった賞状の額を隠すために、撮影のときだけ別のポスターを上から貼り重ねる。窓から見える景色で住んでいる地域が特定されそうならカーテンを閉じる。

ちょっとしたことですが、個人情報につながりそうなモノは自然にカモフラージュするという考え方が大切です。

理想的なのは、できるだけ撮る場所はパターン化すること。そうすれば、隠す場所は毎回同じですし、隠し漏れの防止につながります。

上記のどちらでも対処できない場合には編集作業で対処します。

編集するときに身バレしそうなモノに違う画像を重ねたり、モザイクをつけたりするのです。なお、モザイクはYouTubeにアップした後にYouTubeの編集機能でかけることもできます。

とはいえ、実際に編集してみるとわかりますが、編集作業でモノを隠すのは大変な作業です。ですから、編集時に対応する方法は最後の手段と考えておくべきでしょう。

動画はゼロから考えない 撮影場所を決めておく

れ YouTuber

隠れ YouTuber

▶スマホで撮影するYouTuberが増えている

本書はスマホに特化した撮影方法を解説していきます。

序章でお伝えしましたが、スマホが1台あればYouTube動画はきれいに撮影できます。近年、スマホの動画はプロが目を見張るレベルにまで向上しており、顔出しあり、なしに限らずYouTuberのなかにはスマホで撮影した動画をアップしている人がたくさんいます。第5章で解説する編集アプリを使えば、より魅力的な動画を作れるため、もはやスマホの撮影で動画のクオリティが下がることはありません。

▶自分だけの「撮影スポット」を作る

さて、そもそもスマホで動画を撮影する魅力のひとつは、撮影する場所を選ばないということです。スマホを日常的に持ち歩いていれば、いつでもどこでも撮影することができるわけです。

ただし、撮影する前にどのような角度からなにを撮るのかなど撮影の準備をしなければなりません。自宅や近くの公園、あるときは旅行先といったように毎回撮影する場所を変えていると、撮影の事前準備に時間がかかって大変ですよね。ですから、顔出しあり、なしに関わらず撮影では事前に「撮る場所」を決めておくことをオススメします。

よい映像を撮れる場所を「撮影スポット」といいますが、撮影スポットでよい映像が撮れるのは場所が魅力的なだけではなく、どのような撮り方が適しているかをわかっているからです。

たとえば、空港で飛行機の動画を撮るとしましょう。

どこから撮ると逆光になって撮りにくいとか、どこから撮ると飛行機の離着陸風景がきれいに映るとか、その場所に行ってから確認すると時間がかかることもあらかじめわかっていれば、すぐに思い通りの映像を撮影できます。

このように撮影スポットとは、その場所に合った撮影方法を理解していて成り立つものです。

撮影スポットを決めておけば、カメラの位置や基本的な撮影シーンなどは毎回同じになります。動画ごとにゼロから考える必要がありません。撮影したい映像を撮影前に想像することも簡単にできるようになるでしょう。

▶自宅での撮影がオススメ 屋外なら3つのポイントを押さえる

私がオススメする撮影スポットは自宅です。投稿する動画のジャンルは限られますが、余計な雑音が入ったり、通行人などが映ったりするリスクがないため初心者にオススメです。自分の部屋であれば24時間気にせずに撮影することができますし、構図のパターンを決めてしまえば効率よく動画を作れるようになります。

一方で、屋外での撮影スポットを探す場合は、次の点を意識しましょう。

屋外の撮影スポットの探し方

① 撮影できる場所であること
② 撮影しやすい環境であること
③ 身バレしないこと

①はそもそもの話ですが、公園や施設によっては撮影、特に動画撮影をNGにしていたり、事前の申請や有料なら可能など制約をつけていたりすることがあります。これらは実際にその場に行くと、利用に関する注意事項な

どを看板やパンフレットなどで書いてあることがあります。現地を訪れなくてもWebサイトで確認できることもありますので調べてみましょう。

②は後述する構図を作りやすかったり、周囲が静かであったりすることなどが条件となります。

③については、大きな公園など住居地域を特定しにくい場所ならいいのですが、自宅の前など住居地域を特定しやすい場所が映ることは避けましょう。隠れYouTuberで活動する場合には、特に気をつけたいポイントです。

自宅、屋外問わず、撮影スポットを見つけられたら、次項で解説する「構図」と組み合わせて撮影を進めていきます。

隠れYouTuberにオススメ！
“顔なしでも映える構図”

#隠れYouTuber

構図によって映像は大きく変わる

同じ人物やモノを撮っていても、配置によって映像の印象は大きく変わります。たとえば、人物を真正面から撮ると2次元になりますが、カメラを下から斜め上に向けて撮ると、足が長く見えて立体的な体を表現できます。

このように視聴者へのインパクトを想定して、人物やモノの配置を決めたパターンを「構図」といいます。

映像の世界では「どこに、なにを、どのように映したら、どのように見えるか」という探求を長い年月をかけて積み重ねてきました。構図はその探求の成果として、被写体の配置とそれによって生まれる効果を公式化したものです。

初心者でも取り入れやすい5つの構図をチェック

構図にはさまざまな種類があります。

王道の「三分割構図」や「サンドイッチ構図」などのほか、映画監督スタンリー・キューブリック氏などが好んで使った「一点透視図法」といったものまで幅広く存在します。

本書では顔なしでも映える構図を中心に紹介しますので、自分のチャンネルのテーマと相性がよさそうな構図があったら、実際に取り入れましょう。人物を映すことを想定したパターンと、料理や工作物などモノをよりよく見せるパターンの2つで使える5つの構図について解説していきます。

■三分割構図

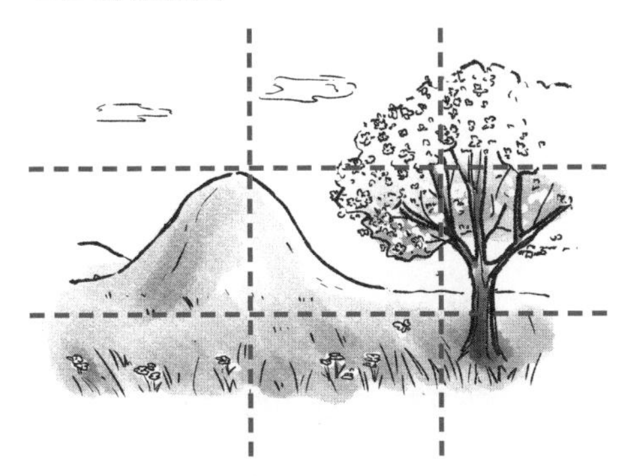

画面を縦に均等に3分割となるように線を引き、同じく横にも均等に3分割となるように線を引く。それぞれの交点に被写体を合わせると三分割構図ができる。

映像で使われる構図の最も基本的なパターンです。

まず、画面が9つのブロックになるように縦に2本、横に2本のラインを引きます。真ん中のブロックの交点のどこかに被写体を合わせれば三分割構図の完成です。立体感のある映像を生み出す効果があります。

■三角構図

顔と両手を結んだ線が三角形になっている。隠れYouTuberではアゴ先だけを出して三角構図を作る方法もある。

画面のなかに三角形を作るように被写体を配置する構図です。映像に奥行きや安定感を出す効果があります。

顔出しなしの場合には、アゴの下部分や肩甲骨あたりを画像のトップになるようにすることで、三角構図を作ることができます。活き活きとした映像を生み出すことができ、工作や料理などにも活用しやすい構図です。

■サンドイッチ構図

画面両端に配した建物がシンメトリーになるようにした構図。真ん中にいる人物が際立つ映像を生み出す。

画面の両端をなにかで挟むことによって、中心に置いた被写体を目立たせる構図です。自宅の撮影に取り入れる場合なら、緑の観葉樹を画面の両端に置くだけで、サンドイッチ構図を作ることができます。

身バレしないように背景を隠すための構図として使えるでしょう。やや高度なテクニックにはなりますが、撮影するときだけではなく、編集時にタイトルなどを両端に入れるなどしてもOKです。

■C型構図

豪華な料理を盛ったプレートの右端が画面からはみ出すようにしているのがポイント。プレート全体を画面に収めるよりも、インパクトのある構図になる。

モノを撮ることを「物撮り(ぶつど)」といいますが、物撮りで役立つのがC型構図です。その名の通り、Cの形を映像のなかで作ります。

たとえば、料理の映像ではお皿を含めて料理全体を撮ってしまいたくなるかと思います。でも、これだと料理が画面のなかにこじんまりと収まってインパクトがあまり出ません。そこでC型構図を用いて、料理の20パーセントくらいが画面からはみ出る＝C型の形になるように撮ってみましょう。全体を映す場合と比べて、大きな迫力が生まれます。料理だけではなく、プラモデルや本を映すときなどさまざまな物撮りで重宝する構図です。

■対角線構図

画面の対角線上に被写体がきれいに収まっている。立体感や奥行きを出す効果がある。

対角線構図は集中線構図の応用です。集中線構図とは、画面の真ん中に向かって線が集まるように立体感を出していく構図です。漫画ではよく使われますが、撮影で使うと画面に迫力が出ないのがデメリットです。

そこで、集中線の中心を画面上部の左か右にズラして奥行きを作ってみることで画面に動きが出ます。奥行き感を出したいなら映るモノが画面に平行にならないように少し角度をつけます。これによって映像に立体感が出ます。

5つの基本的な構図を説明してきましたが、構図と被写体には相性があります。人物は三角構図やサンドイッチ構図を作ることで活き活きとした感じが出ますし、料理や工作物などはC型構図や対角線構図などでその場にあるようなリアリティを表現できます。

事前に構図を決めていても、実際にカメラで確認したらイマイチだったということも少なくありません。そのときは他の構図を試したりして、より視聴者に伝わりやすい構図を作っていきましょう。

▶構図を複数組み合わせると より高い効果が期待できる

構図はひとつだけ用いても大きな効果が生まれますが、さらにインパクトを出したいなら、構図を２つ以上組み合わせることをオススメします。

とくに三分割構図と対角線構図は使い勝手のよい組み合わせです。食べ物などのモノではまるで手にとるような立体感と迫力を、人物では背景との区別をはっきりさせて映像に立体感を生み出すことができます。

ここまで紹介した以外にも構図の種類はたくさんありますが、最も大切なのは自分の得意な構図を作ることです。

自分の得意な構図パターンが決まると、撮影に時間がかからずに効率よく動画を撮れるようになります。

一番伝えたい部分は
演出を入れて動画を盛り上げる

れ YouTuber

隠れ YouTuber

▶動画に必要な要素は文章と同じ「5W1H」

動画を撮るにあたって、最初に考えるべきことは撮影する場所と説明しました。次は、「なにを」「誰が」撮るかも決める必要があります。

わかりやすいイメージでは、文章の作成と一緒です。文章を書くときには5Wと1Hが大事と習ったことがあるのではないでしょうか。

YouTube動画の撮影でも同様です。

動画を撮影する前に決めておくべき5W1H

・いつ（When）
・どこで（Where）
・誰が（Who）
・なにを（What）
・なぜ（Why）
・どのように（How）

動画の撮影では、5W1Hのなかでも、とくに「どこで（Where）」「誰が（Who）」「なにを（What）」「どのように（How）」の項目をそれぞれ決めておくことが大切です。

「誰が」や「なにを」については、企画を考えるときに決まっているはずです。また、「どこで」は本章の最初に説明しました。ここでは「どのように」

の決め方に特化して考えていきましょう。

▶動画のイメージを膨らませる

たとえば、「バレンタインデー用にチョコレートクッキーの作り方を紹介する」という動画を作るとします。
「どのように」を考える場合は、まず動画で大切にしたいポイントを決めておきます。今回のテーマでは、下記のポイントを大切にしたいとしましょう。

・バレンタインデーの雰囲気を作る
・チョコレートクッキーを美味しそうに見えるようにする

上記を実現するためにはどうすればいいのか。
コツは小物を上手に使うことです。たとえば、バレンタインデーだと伝えるために、2月14日に赤丸をつけた卓上カレンダーを映るようにする。焼きたてのチョコレートの下におしゃれなラッピングシートを敷くといったことが考えられます。

すべての部分にこだわる必要はありませんが、動画の根幹＝最も伝えたい部分については工夫を凝らしてみましょう。
実際に撮影を始めてからバタバタすると大変ですし、失敗の原因になりますので、オススメは上記のように動画のポイント（＝見せ所）をメモしておくことです。メモしたポイントについて、簡単な小物を使って演出することができないかを考えるようにしましょう。
また、視聴者が一番辛いと感じるのは、画面と状況が変わらないときです。重要なシーンになったら、意識的に画面を切り替えるように撮影しましょう。130ページで紹介するように、撮影テクニックを駆使して映像にメリハリをつけるようにすると、魅力的な動画を撮影できるはずです。

YouTube動画用に
スマホのカメラ機能を設定する

▶動画サイズはフルHDにする

ここからは実際にスマホで動画を撮るために、カメラの設定方法を説明します。

あまり知られていませんが、スマホのデフォルト設定（＝既存の設定）は、必ずしもYouTubeの動画撮影に適した状態になっていません。

カメラの設定はスマホのデバイスやカメラアプリなどで調整できますが、設定方法やデフォルトの設定状態は機種によって異なっています。

本書ではiPhoneを実例に取り上げながら、機種問わずに皆さんに知ってほしい3つの設定について解説します。

まずひとつ目は、動画の画像サイズについての設定です（「解像度」といわれます）。

画像サイズはpix（ピクセル）が単位で使われ、pixとは動画を構成する光の粒の単位です。機械に苦手意識がある人は拒否反応が出てくるかもしれない話題ですね。

簡単にいえば、pixの数値が高いほど高画質な映像になる。低いほど低画質になると覚えていただければ問題ありません。

スマートフォンでよく使われる解像度は下記になります。

スマホで使われる解像度の種類

- 4K＝ 3840×2160pix
- フルHD＝1920×1080pix
- HD＝1280×720pix
- SD＝720×480pix

このなかから、YouTubeできれいな動画をアップロードするためには「フルHD＝1920×1080pix」を選択します。初心者の人はまずはこのサイズに設定にしましょう。

なお、スマホの多くは「フルHD＝1920×1080pix」の次に高い解像度として「4K＝3840×2160pix」を選ぶことができるはずです。

4Kのpix数値はフルHDの約2倍です。つまり、2倍の数の光の粒でできた動画になりますので、それだけきめ細かな動画を撮れます。

ここで注意してほしいのは、「きめ細かに撮れるんだったらすべて4Kで撮ったらいいのではないか」と思ってしまうことです。

しかし、これは間違いです。

光の粒が2倍になるということはデータ量も2倍になることを意味します。そのため、4Kで撮影しているとスマホのデータ容量がすぐ消耗してしまいます。ひとつの動画が大容量データとなるため、将来的にスマホからパソコンにデータをコピーする必要が出た場合は取り扱いが大変になります。

もっとも、YouTubeは4Kに対応してはいるものの、投稿される動画のほとんどはフルHD以下です。

基本的にはYouTubeに動画を投稿する目的では、フルHD を選んだほうが無難でしょう（図4-1参照）。

なお、4Kで撮るべき動画もあります。

1台のスマホで撮った動画では迫力をつけるために、画面を拡大させて編集をすることがあります（157ページ参照）。

フルHDで撮影した動画の編集で画面を拡大すると、拡大した分だけ解像度が悪くなって動画が“粗く”なります。こういったときには4Kを選択。フルHDの2倍のきめ細かな画質ですから、編集時に動画を拡大しても鮮明に映すことができます。

図4-1　フルHDと4Kの違い

	メリット	デメリット
フルHD	高画質であり、データ容量も4Kより軽い	拡大すると画質が粗くなる可能性がある
4K	フルHDよりきめ細かな画質を楽しめる	スマホの容量がすぐになくなってしまう可能性がある

YouTubeに動画を投稿する目的では、フルHDを選ぶのが無難だ

▶動画のコマ数を表すfpsは30fpsにする

ふたつ目の設定はfpsについてです。

皆さんは動画の仕組みをご存じでしょうか。

動画は静止画像を高速で動かすことで、映像に見える仕組みになっています。パラパラ漫画をイメージしていただけるとわかりやすいでしょう。

1秒間に映る静止画像の枚数を「fps（Frames Per second）」といいます。

一言でいえば、fpsは高速で動く被写体を撮影するときに重要な設定です。

fpsは1秒間のコマ数ですから、fpsが低いと情報量が少なくなります。fpsを低く設定した状態では、動画のなかで高速で動く被写体を撮ろうとすると、細かい動きを表現できません。情報量が少なくなるため、カクカクとした動画になるのです。

逆にfpsが高いと情報量が多くなるため、高速で動く被写体を撮影しても滑らかな動画を作ることができます。スローモーション撮影ではfpsの値の差によって明らかに映像に違いが出ます。

fpsのひとつの設定基準は「30fps」です。

事実、日本のテレビ放送のfpsが29.97fps（0.03fpsはデータ情報送信用

に使用しているので実際は30fps）という値です。しかし、最近のスマホでは初期設定が60fpsになっているものがあり、これは一般的な動画ではオーバースペックです。もし、60fpsになっていたら、30fpsに設定しましょう。
ただし、例外もあります。スローモーションでの映像を作りたかったり、動きの激しいスポーツシーンや高速で動く乗り物や動物をクリアな映像に収めたかったら、60fpsに設定するといいでしょう。

fpsの知識があると他の撮影技術にも応用できます。
かつての映画フィルムで使用されていた24fpsにあえて設定する方法があるのですが、fpsを低くすることで、コマ数が少なくなり動画が粗くなるため、レトロな映像を作ることができるのです。

▶動画のデータ形式は互換性が高い設定にする

本書はスマホだけを使ってYouTube動画を投稿することを目的としていますが、今後本格的に動画編集をしていきたい人のためにデータ形式についてもお話しします。

パソコン、スマホ、Windows、Macなどのデバイス間でデータのやり取りをするには、動画のデータ形式を正しく設定しておく必要があります。
残念なことに動画データによっては、Windowsでは扱いやすいデータだけどMacではデータが開かなかったり、その逆のパターンがあったりします。これはWindows、Apple（Mac）、Adobeなど名だたるITメーカーの間で統一的なデータ形式が決められなかったために起きている現象です。

たとえば、Appleの製品であるiPhoneの写真データはデフォルト設定では「HEIF/HEVC＝高効率」となっていますが、これはiPhone用のデータ形式です。そのままWindowsのパソコンにデータを移しても、パソコンが対応していないために開かない現象が発生します。
こういったトラブルを防ぐためには、データ形式を「JPEG/H.264＝互換性優先」に設定します。

「H.264」は、パソコン、スマホ、Windows、Macなどデバイスの形式を問わずに対応できるデータ形式です。異なるデバイス間で作業することが想定されるときに設定しておくとよいでしょう。

撮影したあとに「スマホでしかデータを開けなくて困っています。どうしたらいいですか？」といった質問をいただくことは少なくありません。

データ形式を巡るトラブルは起きやすいといえるので、しっかりと設定したうえで撮影するようにしましょう。

図4-2　スマホでYouTube動画を撮る前に設定すべき3つの項目

① 画像サイズ

→「フルHD = 1920 × 1080pix」に設定
（拡大アップするシーンは4K = 3840 × 2160pixにする）

② fps（1秒間に映る静止画像の枚数）

→「30fps」に設定
（スポーツや乗り物など激しく動く対象物を撮影するときは60fpsにする）

③データ形式

→「JPEG/H.264 =互換性優先」に設定

それぞれの項目を設定することで、スマホの動画容量を最小限に抑えることができるほか、パソコンへのデータ移行もスムーズに行える。

撮影で最も重要な部分を強調する撮影テクニック

▶撮影上手になれば編集の時間が減る

繰り返しになりますが、副業として隠れYouTuberを目指すならできるだけ効率的に動画を作って運用することが大切です。

実際に動画を制作してみるとわかるのですが、動画編集の作業を始めると「もっとよくしよう」と考えて、徹底的に追求してしまうことがあります。よりよい動画を作りたいという気持ちは素晴らしいことですが、効率的な動画の作成を考えるとあまり推奨できる行為ではありません。

ではどうすればいいのでしょうか。

答えは、編集作業に力を入れるよりも撮影時に魅力的な動画を撮ることです。

そうすれば、動画編集の作業が減って効率的な動画制作につながります。

動画編集をデジタル技術に頼る前の時代、すなわち昭和には魅力的な動画を撮るためのヒントが詰まっています。流行やトレンドに左右されない普遍的な映像技術が多くあるからです。

ここではそれらのなかから皆さんがスマホで撮影するときにも役立つテクニックを紹介しましょう。

▶縦の動きを演出して立体感を生み出す

動画は縦と横で構成される2次元の世界です。これに高さ（奥行き）が加わると現実世界と同じ３次元となります。
近年、身近になったVR（バーチャルリアリティ）は、動画に高さ（奥行き）を作り出すことで擬似の３次元を意図的に作り出しています。
奥行きをどのようにして作り出すのかといった工夫は映像の業界ではずっと大きな課題でした。
映画監督・黒澤明氏は「膨脹するような映像を作りたい」と述べて、立体的な動画の表現に取り組むなどしました。現在では、立体的に見せる動画表現にいくつかのパターンができ上がっています。
YouTube動画でも最近では奥行きのある動きを加えた動画が多く見られるようになってきています。奥行きのある動きを加えると、視聴者の目を留めるという大きな効果が望めるので、自然と取り入れるYouTuberが増えたのでしょう。
奥行きのある動きを含め、初心者の人に撮影のときに取り入れてほしいポイントは次の３つです。

① カメラの前に突き出して見せる

たとえば、皆さんは動画でオススメの本を紹介しようと思ったら、どのように紹介するでしょうか。無意識に自分の胸元や顔の横に本を持ってきて紹介する人も多いのではないでしょうか。
対面形式のやり取りなら問題はないのですが、動画撮影ではこの方法だと少しもったいない映し方です。

オススメの本＝強く紹介したいので、グッとカメラの前に押し出すようにしてみましょう。

こうするだけで、２次元の動画のなかに奥行きが生まれて立体感が出ます。さらに、人間は近づいてくるモノに対して自然に防御反応が働く機能を備えています。本能的な反応から、カメラの前に押し出されたモノに注目します。

他にも、プラモデルなどを組み立てる動画なら、取りつける部品を紹介するときにグッとカメラに近づける。部品をプラモデルに取りつけたあとに、見せたい部分をカメラにグッと近づけるといった活用ができます。

カメラの前に本をグッと押し出すようにする。そうすると、視聴者は自然と押し出された本に注目する。

②体の動きで見せたいモノを強調する

強調したいモノが大きくて動かせない場合はどうすればいいのでしょうか。

たとえば、観光用に作られた建物や、美しい景色などはそれ自体を動かしてカメラに近づけることができません。

こういったケースでは、体や手を使って奥行きを作り出します。強調したいモノに向かって、グッと手を伸ばすようなジェスチャーをして奥行きを作るのです。

よくテレビ番組などでタレントさんが「ジャーン！」と言いながら、背景にある建物や景色を紹介することがありますよね。これは遠くを強調させるためのテクニックとして使われています。

古典的な方法ではありますが、誰でも取り入れやすく、動画にメリハリを生む効果を期待できます。

強調したいモノに向かって腕を伸ばす。このときに「ジャーン」といった声を入れるとより効果的だ。隠れYouTuberは腕を画面奥側に伸ばしつつ、画面のなかに顔が映らないように注意しよう。

③“タメ”を作ることで強調して見せられる

最後にご紹介するのは、“タメ”を用いたテクニックです。

タメには数秒ほど静止することで、余韻を生み出す効果があります。

たった数秒の行為ですが、視聴者に考える時間を与えることで、動画の内容を記憶に残りやすくする効果が狙えます。

たとえば、プラモデルの部品を取りつける動画を例にするとわかりやすいでしょう。

部品をカメラに近づけたときにすぐ引き戻すのではなく、「こんな感じで部品をつけました」というコメントのあとに「＋４拍」くらいの間を取ります。そうすると、視聴者も部品をゆっくりと観察することができて、伝わりやすい動画となるわけです。

タメを用いたテクニックはさまざまなシーンで使えます。

ひとつの動画で景色や建物などをたくさん撮るときはカメラを左右に動かす動作が必要になりますが、左から右、もしくは右から左に画面を切り返すときには、数秒タメを作るようにしましょう。見ている人にストレスを与えることがない動画を撮影できます。

スマホの撮影では手ぶれに気をつける

▶手ぶれした映像は視聴者にストレスを与える

スマホの撮影で最も注意すべきことは手ぶれです。

体はどうしても自然に震えるものですので、その影響が少なからず映像に出ることがあります。皆さんのなかには、ガタガタと震えた不安定な映像を見て気持ち悪くなった経験をしたことがある人もいるのではないでしょうか。手ぶれは仕方のないことではありますが、視聴者からするとストレスや不快な感覚を覚える原因です。

見やすい動画を作るためにも、これからご紹介する手ぶれを防止する3つの撮影方法をマスターして、撮影を進めていきましょう。

① スマホの手ぶれ防止機能をオンにする

スマホのカメラには、ボディにレンズが取りつけられています。

デジタルカメラやミラーレス一眼のように、光を屈折させて対象物を解析して撮っているわけではありません。レンズを通して写った対象物をデジタル処理して動画として保存しています。

そのため、スマホでは手ぶれをデジタル処理によって補正することができます。

手ぶれ補正の設定は、次のようにスマホもしくはカメラアプリで行います。以下、iPhoneを例にお話しを進めていきます。

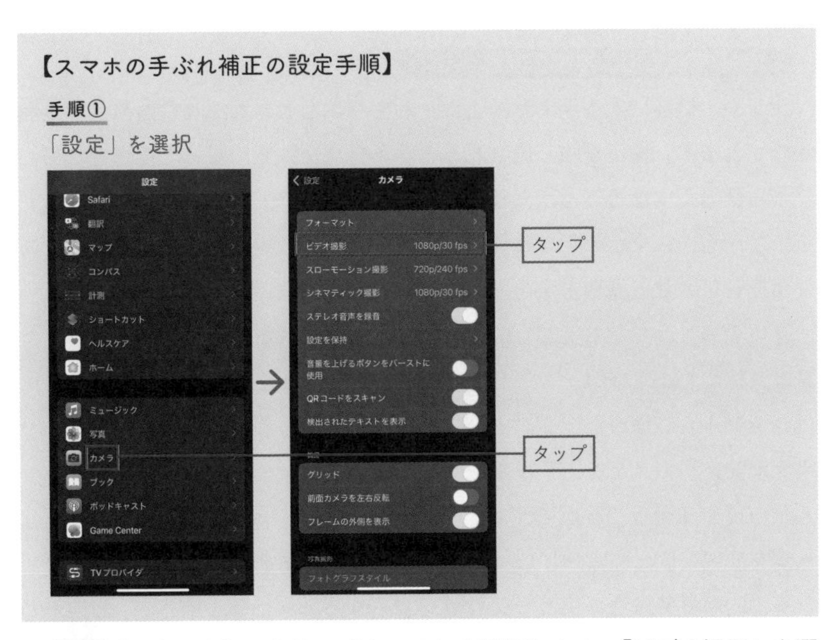

手順①「設定」を押した後に「カメラ」を選択します。「ビデオ撮影」を選択します。

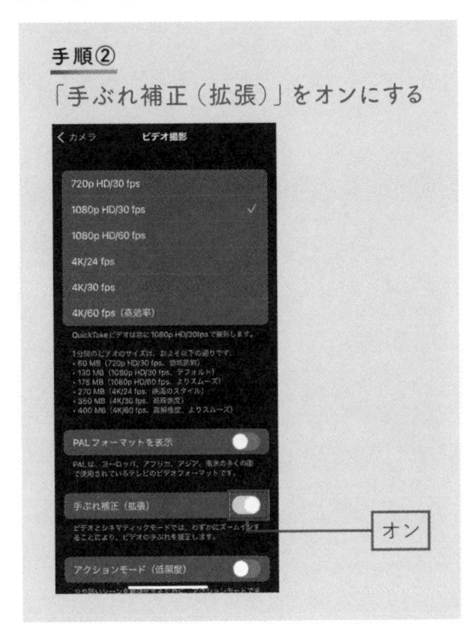

手順② 表示される「手ぶれ補正（拡張）」をオンにします。なお、一部のiPhoneでは「手ぶれ補正」はデフォルトの設定で「オン」となっています。

② 脇を締めてスマホを安定させる

デジタル処理による手ぶれ補正は、あまりにも大きな揺れには強引な処理が施されます。補正が強く施されると、不自然な映像になって視聴者に伝わりづらい動画になることがあります。

ですから、スマホの手ぶれ補正機能は補助的な機能ととらえたうえで、スマホを安定させる撮影方法をマスターしましょう。

プロのカメラマンも実践している手ぶれしない撮影方法が「脇を締めてカメラを持つ」です。

シンプルかつ簡単なテクニックですが、脇を締めることで、カメラを持つ手元が安定。カメラを上下左右に動かそうが、歩きながら撮影しようが、手ぶれの幅を抑えることができます。

足を肩幅と同じくらいに広げて立てば、さらに安定感が増します。

基本的な撮影方法のひとつなので、「撮影するときは脇を締める」と覚えて、クセにしておくとよいでしょう。

また、Vlog動画で片手で撮影する場合は、写真のように人差し指でスマホの上部を、小指でスマホの下部を挟むように持つ。次に、親指をスマホの上部や下部に添えることで安定した撮影ができます。この方法でスマホが持

▼スマホで撮影するときの基本姿勢

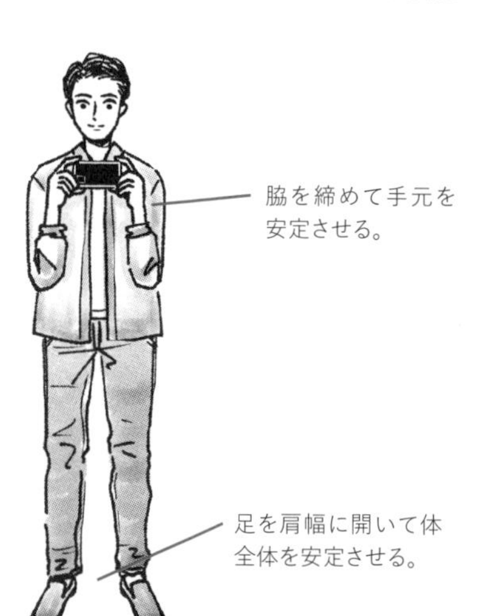

▼片手でスマホを持って撮影する方法

脇を締めながら、上記のようにスマホを持つことで片手でも手ぶれを抑えた撮影ができる。この持ち方では、親指で画面を操作することもできる。

ちにくいときは、スマホの上部を人差し指で、下部を親指で挟み、スマホの背面を中指、薬指、小指で支えても安定します。

③スマートフォンリグやスタビライザーなど便利な道具を使用

スマホを手に持って撮影することが多い人なら、撮影をサポートするツールを用意しておくのもいいでしょう。

下記に挙げたアイテムは、いずれも手ぶれを防止するのに大きな効果が望めます。

・スマートフォンリグ

スマホを固定する道具です。名称の「リグ」は固定装置という意味です。スマートフォンリグは左右の手でしっかりとグリップできるように設計されているため、長時間でも安定した撮影を実現できます。自然と脇を締めた状態になるのもメリットのひとつです。

スマートフォンリグには、撮影機材共通の差し込み口がついていることが多くあり、その差し込み口に外部マイクやライトなどをセットすることで、スマホ撮影のクオリティを格段に向上させることができます。価格は1000円台〜。

▼スマートフォンリグ

グリップ部分が握りやすいように設計されているのが特徴。手ぶれ防止効果があるだけでなく、手や指が疲れにくいので長時間の撮影時にも役立つ。片手で使用できるタイプもある。

・スタビライザー（Osmoなど）

カメラ自体の動きをデジタル処理で安定させる機器をスタビライザー（安

定装置）といいます。カメラに発生したぶれの動きとは、反対の動きを電子処理で作り出し、スマホを安定させる仕組みを持っています。

スマホ本体の手ぶれ防止機能とスタビライザーを組み合わせれば、手ぶれは全く気になりません。走りながら撮影した動画でも、滑らかに移動しているように撮れます。

スマートフォンリグより強力な手ぶれ防止が期待できる一方、電動式タイプのため充電切れには注意が必要です。価格は１万円台〜。

▼スタビライザー

歩いたり走ったりしながら撮影しても、滑らかな映像を作り出すことができる。やや高額だが、それに見合うだけの効果を期待できるだろう。

ここまで手ぶれを防止するテクニックや商品を紹介しました。

応用技術にはなりますが、動画に迫力をつけるために手ぶれを利用することもできます。

たとえばスピード感を出したり、なにかから逃げる臨場感を出したりする場合には有効に作用するでしょう。実際、映画の撮影シーンではあえてスマホで撮影して、手ぶれした映像を怪獣から逃げる演出に生かした例があります。

大切なことは基本を知ったうえで応用することです。手ぶれを防ぐ方法を理解すれば、反対にカメラのぶれを演出に使うことができるようになります。

#隠れYouTuber

撮影したらその場で動画を必ずチェックする

#隠れYouTuber

▶撮った動画が台なしにならないように

隠れYouTuberに限った話ではありませんが、動画を撮ったあとは、最後にちゃんと撮れているのかを確認しましょう。

皆さんからの相談内容で、せっかく撮影したのにきちんと撮れていなかったというトラブルが多くあります。

ちゃんと動画を撮れなかった原因は、下記のようにいくつかのタイプに分けられます。

撮影失敗の主な原因

- 録画ボタンを押し忘れた
- 音を録れていなかった
- 映ってはいけない人やモノを映してしまった

上記のように撮影に失敗した原因は、録画できていなかったケースだけではありません。映像や音声にトラブルがあって、撮り直さなくてはいけなくなることもあります。

撮影したあとすぐにミスを確認できれば、その場で撮り直しやすいですよね。できるだけ、撮影した直後に最初から最後まで再生して確認するのがオススメです。

▶撮影ミスには決まったパターンがある

撮影ミスを防ぐためには、いくつかのポイントがあります。

撮影前後に下記の点に注意して、撮り直しが発生することがないようにしましょう。

☑ 録画できているか

撮る前は撮影の準備でバタバタすることが多いこともあり、録画ボタンの押し忘れがよくあります。また録画設定を、「カメラ」や「スロー」にしてしまったことで動画が撮れていなかったということもあります。

録画ボタンの押し忘れと設定ミスを防ぐには、次の２つの方法を取り入れましょう。

ひとつは「指差し呼称」と呼ばれる方法です。

スマホの録画がスタートしていることを目視して、「録画OK」と指差しと声で確認します。アナログな方法ではありますが、プロフェッショナルの多くが取り入れるほど基本的な行為です。私も撮影の現場ではできるだけ指差し呼称をしています。

２つ目は撮影の途中に録画されているかどうかをスマホの画面で確認することです。こちらも当たり前のように思えるかもしれませんが、途中で録画できていないことに気づければダメージを最小限に抑えることができます。

▼撮影途中でスマホ画面のチェック

撮影に集中しているときほど、録画ミスに気づかないことが多い。写真のように、録画中であることを示す録画時間やストップボタンが表示されているかを確認しよう。

☑ 音が録れているかどうか

スマホは録画ボタンを押せば、映像と音声が録画されて簡単に撮れます。ですが、Bluetoothでマイクつきのワイヤレスイヤフォンと繋がっていると、ワイヤレスイヤフォンのマイクからの音が録音されてしまいます。Bluetooth機能を録画前にオフにしているかどうかを確認するようにしましょう。

また、外部マイクをつけるときにも注意が必要です。外部マイクのコネクタには、スマホでは認識できないビデオカメラ用のものがあります。外部マイクを購入するときは接続する機器との相性がありますので、最初に使うときはとくに注意するようにしましょう。

☑ 余計な音が入っていないか

下記のように、撮影をしていると突然予想もしない音が入ることがあります。

撮影時に注意したい音の種類

・電話の鳴る音
・救急車などのサイレン
・ヘリコプターの音
・自動車やバイクのエンジンをふかす音

大きな音が聞こえてもそのまま録画を続けて問題ない場合はありますが、カメラによって音を拾うレベルが違います。「これぐらいなら大丈夫かな」と自分の耳の感覚に従っても、撮影した映像をチェックしたら意外と大きく音を拾っていたということがあります。対策方法は「音が鳴ったら撮影を止める」に尽きます。

編集のときに調整することもできますが、気になったら撮影を止めて音が消えるまで待つのが安心です。

☑ 映ってはいけない対象物が入り込んでいないか

室内で動かない被写体を撮影する場合は、撮影前にスマホの画面になにが映るのかを確認します。隠れYouTuberの場合は、とくに身バレにつながるモノが映像に映っていないか気をつけましょう。

一方で、屋外では撮影中に画面のなかに通行人が映ってしまったといったことはよくあるでしょう。

撮影に集中していると、意図しない被写体が映ってもそれに気づくのはなかなか難しいです。長い時間を撮影したあとに撮り直しをするのは精神的にも体力的にも大変なので、シーンごとに録画を止めて細かくチェックするとよいでしょう。

☑ スマホを「機内モード」にしているか

撮影中にスマホに着信が入ることがあります。

iPhoneでは着信があると録画停止になってしまいます。そのタイミングでしか撮れない景色を撮影していたときには、取り返しがつきません。

これを防ぐにはスマホを「機内モード」にして録画することです。モバイル通信機能をオフにする設定でもいいですが、機内モードはショートカットボタンでオン／オフできるので簡単に設定できます。

他にも、スマホの充電切れやカメラレンズの曇りや汚れなど、さまざまなトラブルが想定されます。すべての防止策に共通する点は「撮る前の試し撮り」と「撮ったらすぐ確認」することです。頑張って撮影した映像が無駄にならないように、撮影後のチェックは必ず行うようにしましょう。

Column ③

この「隠れYouTuber」に聞く！

顔出しなし × スマホだけ の“リアルな実情”

隠れYouTuberといっても、扱っているテーマやこだわっているポイントは人によってさまざま。最速で収益化するポイントや企画の考え方など気になることを聞いてみました。

＼ このチャンネルにお話を聞きました！ ／

チャンネル名：『ユヤの節約ルーティン』

お名前：ユヤさん
チャンネル登録者：8570人
動画総再生数：133万1520回
（2023年6月9日時点）

『あなたとともに節約。』をコンセプトに、名古屋在住27歳男性のリアルな節約生活をお届けするチャンネル。生活費を月10万円に抑える節約術が視聴者からの支持を集めている。

たった3カ月で収益化できた秘密とは？

隠れYouTuberのユヤさんは、『ユヤの節約ルーティン』チャンネルで節約動画を配信する27歳の男性。手取り20万円台で月10万円の貯金を実現する節約ノウハウを生かし、Vlog動画で節約のヒントとなる情報を視聴者に伝えています。収益化するまでにかかった期間はわずか3カ月。短期間で実現できた秘密とはなんなのでしょうか。

――まず、ユヤさんのYouTube動画の特徴を教えてください。

動画の主な内容は節約ルーティンの紹介です。節約に励む20代一人暮らしの日常生活を１日の流れで追える動画にすることで、リアルな情報を視聴者さんにお届けしています。

――ユヤさんはYouTube動画を投稿し始めてからまだ日が浅いですよね。どのくらいの期間で収益化できたのでしょうか。

2022年７月２日に最初の動画をアップしました。収益化したのは同年の10月でした。おそらくYouTuberのなかでも早いほうなのかなと思います。

ただ、収益化までは投稿する動画の数が大切だと考えて、ほぼ毎日動画をアップしましたね。現在の月のおおよその収益金額は、この本のタイトルと同じくらいの数字です。再生回数の多い月は、その収益が４倍くらいまで上がります。

――３カ月で収益化できたのはすごいですね！　そこまで短期間で達成できた要因はなんだったのでしょうか。

動画を毎日アップし続けたことが大きかったのかなと思っています。１本、１本の再生回数がそれほど多くなくてもチャンネル全体で考えれば、総再生時間は着実に増えますからね。

――「顔出しなし」で再生時間を増やすために工夫したことはありますか。

最初の頃は節約ルーティンで自分の生活を綴るだけだったのですが、それだと動画を見る人がもの足りないのではと感じることがありました。そこで最近は、節約に役立つマインドを動画の最後に自分の言葉で話すようにしています。

顔を出さない代わりに、声を出して視聴者さんにメッセージを伝えることで、私のキャラクターをより伝えられるようになりました。実際、チャンネルのコメントをもらえることも増えましたね。

――動画を作りながら試行錯誤して、いまのスタイルがあるのですね。企画はどのように考えて作っているのでしょうか。

まずは誰が視聴するのかを考えながら企画を作っています。最初の頃は同世代の人が視聴してくれていたのですが、現在は視聴者層を見ると20代、30代、40代、さらには私の親世代も見てくれていて、温かいコメントをいただくこともあります。

なので、私に求められていることのひとつは、「親近感」だととらえて、なるべくありのままの日常を撮影することを心がけています。節約ルーティンという軸は忘れずに、平日にどんな仕事をしているのかとか、一人暮らしを楽しむ様子なども動画にしていますね。こういったことが、視聴者さんからの共感を得られているのかもしれません。

――撮影で意識している点はありますか。

カメラは私生活でも使用しているiPhoneを使っていて、ミニ三脚を組み合わせたり、壁などにスマホを立てかけたりして撮ることが多いです。身バレはしたくないので、屋内で撮影するときは窓から見える景色を映さないようにしています。住んでいる地域が特定されるかもしれないですからね。

Vlog動画なので屋外でのシーンを撮影することもよくあるのですが、そのときは少なくとも自宅から徒歩5分圏内は撮影しないようにしています。

——動画の編集で工夫していることはありますか？

小さなことかもしれませんが、BGMは必ず同じフリー素材を使用しています。同じ音源を使用することで、BGMだけで『ユヤの節約ルーティン』だとわかってもらえるようにしたいです。また、テロップの表示にも気を使っています。表示をなるべく少なくしてスッキリとした見やすくなる動画にしています。

——ありがとうございます。最後に、隠れYouTuberを目指す読者にアドバイスをお願いします。

私は長期的な目標はあまり考えずに、1日1日着実に動画を作ることを意識していました。365日毎日動画をアップし続けなくてはと考えると大変です。とりあえず、今日1日分の動画を投稿するといったように目の前のことに取り組むことが大切なのだと思います。

小さな積み重ねは大きな成果につながりますし、自信にもなります。それをしばらく続けていくと、いずれは習慣化できるようになります。このようにして、まずは最初の1本、次の1本、また次の1本というようにコツコツと動画投稿を積み重ねるといいのではないでしょうか。

また、意気込みすぎないことも大切です。YouTube動画を投稿し始めの頃はついつい完璧な動画をアップしようとしがちです。でも、意気込みすぎると上手くいかなかったときに気分が大きく落ち込む原因となってしまいます。

大切なことは視聴者さんから共感を得つつ、役立つ情報を提供すること。それを実践できれば、視聴者さんに感謝のコメントをもらえるようになり、動画制作のモチベーションアップになります。視聴者さんとよい関係を築くことができれば、動画制作はどんどん楽しくなっていくはずですよ。

『ユヤの節約ルーティン』
チャンネルはこちらから

https://www.youtube.com/@yuya.setsuyaku/

〝魅せる動画〟に
大変身！

第5章

スマホ無料アプリでできる簡単編集テク

スマホ編集アプリ「InShot」は無料で初心者にも扱いやすい

▶動画編集に必要な基本機能を無料で使用できる「InShot」

本書では撮影だけでなく、動画の編集もスマホで行います。

スマホで動画編集をするメリットはふたつあります。

ひとつは撮影した動画データを編集するために、パソコンに移動するといった作業が不要なので、手間がかからずに作業を進められること。

もうひとつは、パソコン作業とは違って場所を選ばずに作業ができることです。とくに後者はスキマ時間を活用したい人にとっては大きなポイントでしょう。

スマホの動画編集を始めるにあたって、まずは編集アプリをインストールしましょう。デフォルトで備えられている機能で高度な動画編集ができるようになります。

スマホ用の動画編集アプリは多数リリースされていて、そのなかで私がオススメしているのが「InShot」です。InShotは無料ながら、iPhoneとAndroidを問わずに使えて、かつ編集機能も充実しているのが特徴です。

詳しくはあとで説明しますが、トリミング、トランジション、速度調整、音楽追加、フィルター、テロップなど動画編集における基本的な機能を幅広く揃えています。なかには有料の機能もありますが、簡単な動画編集なら無料で使える機能だけで十分に魅力的な動画を作ることができます。

ボタンの位置で覚えるとバージョンアップの度に使えなくなる

動画編集の説明をする前に皆さんにお伝えしておきたいことがあります。それは、ボタンの配置で動画編集の操作を覚えないようにすることです。

スマホの編集アプリは常に新しいバージョンが更新されて操作画面が変わっていきます。そのため、編集の機能をボタンの配置位置とリンクして覚えてしまうと、バージョンが更新されるたびに操作に困ることになります。

実際はバージョンが更新されても他に対応できる機能に置き換えられていたり、もっと便利な機能になっていたりする場合がほとんどです。ですから、編集機能とボタンの配置位置をリンクさせて覚えるのではなくて、どのボタン（編集機能）でなにができるのかをしっかり理解するようにしましょう。

YouTube動画の制作にのめり込んでいくと、InShotだけでなく他の動画編集アプリを活用したり、パソコンの編集ソフトを使ったりすることがあるでしょう。ボタンの配置位置ではなく編集機能を覚えるという考え方は、どのようなソフトでも共通して役立ちます。

ここがポイント

さまざまな機能があって最初はどのように使っていいのかわからないという人が大半だと思います。お伝えしておきたいのは、動画編集アプリはあくまで「作業指示書」だということです。つまり、動画編集アプリ上の操作は作業指示書にいろいろ書き込んでいる状態です。作業指示書をもとに編集を実行しても、元の動画は保存されます。

▼InShotのダウンロード

iOSはこちらから
https://apps.apple.com/us/app/inshot-video-editor/id997362197

Androidはこちらから
https://play.google.com/store/search?q=Inshot&c=apps&hl=ja&gl=US

#隠れYouTuber

撮影した動画をつなげて動画全体の輪郭を作る！

#隠れYouTuber

#隠れYouTuber

▶動画編集の流れは「大」から「小」へ

動画編集には効率よく編集するためのルールがあります。
それは「大」から「小」という順番で編集を進めることです。

ここでの「大」とは、大まかなストーリーの流れを最初に並べてしまうことです。撮影ではいろいろなシーンごとに区切って動画を撮っているはずです。それをまずはつなぎ合わせる作業となります。

一方、「小」とは、テロップや画像の拡大、アフレコなどの細かな編集作業を指します。

なぜ「大」から「小」という順番が大事かというと、撮影シーンごとに順番に細かく編集していくと、あとで編集を直すときにとても大変だからです。

たとえば、動画が始まって２分後にテロップを表示するように設定していたとします。あなたは編集作業を進めていくなかで動画の冒頭10秒間のシーンがどうしても気になり、そのシーンをカットしました。

すると、10秒分だけテロップ位置もズレてしまい、テロップの位置を再調整しなければならない作業が発生してしまいました……。

これでは、最初に２分後にテロップを表示するように設定した作業が無駄となって効率的な作業とはいえませんよね。

パソコンでは動画とテロップをリンク機能で一緒にカットできる高度な動画編集ソフトがありますが、スマホの場合はそうもいきません。

ですから、効率よく編集するためには、まずは撮影した動画をストーリーに合わせて並べていって、動画編集のベースとなる全体の映像を作る。そうすることで、あとで編集作業をやり直すリスクも減らすことができるのです。

なお、この方法はプロの映像現場でも同じです。ディレクターが動画のストーリーに沿って、下地となる動画部分をさっと作成（＝ディレクターズカット）。そのあとで細かい部分を編集しているのです。

▶InShotを実際に操作してみる

ここからは実際に、動画編集のベースとなる全体の映像の作り方をInShotアプリで解説していきます。

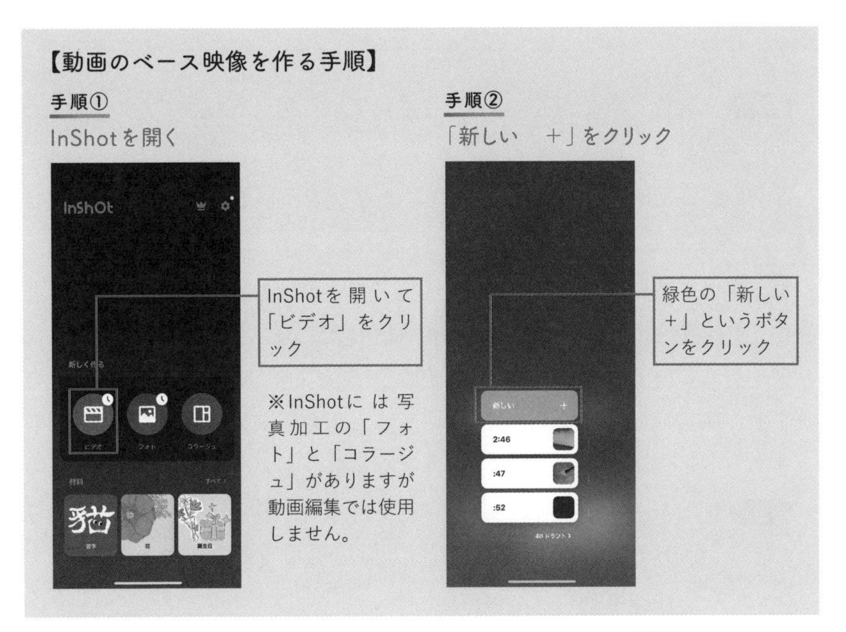

動画編集アプリは「作業指示書」だと説明しましたが、手順② の操作で作業指示書を開く状態になります。作業指示書は書き込むたびにどんどん指示内容が増えていきます。自動保存されていく仕様のため、一旦作業を中断しても、該当の作業指示書（InShotではドラフトといいます）をクリックすることで続きから編集できます。

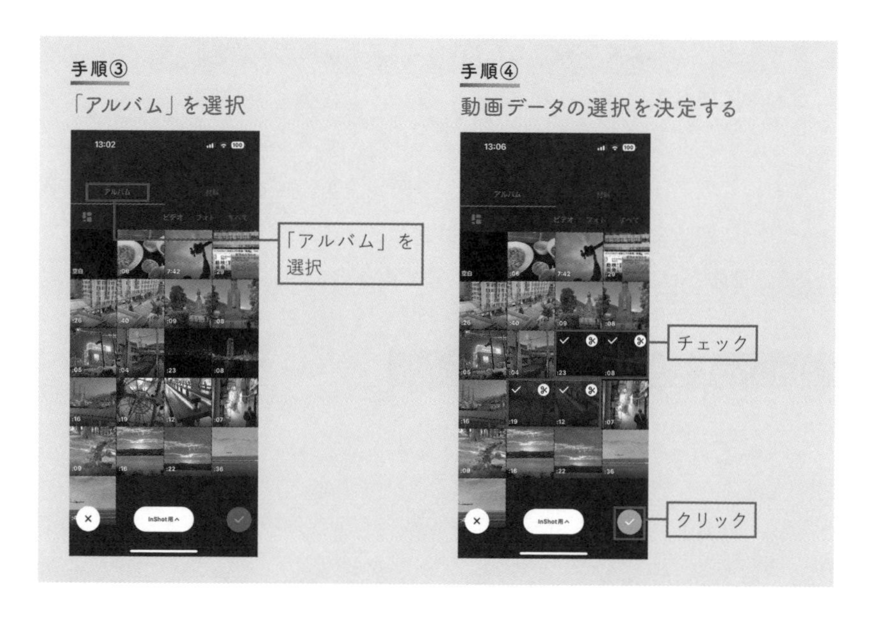

手順② を操作すると、スマホに保存されている写真や動画にアクセスする画面に移行します。

なお、初回使用時に「写真フォルダ」へのアクセス許可確認がある場合は「許可」を選択します。

手順③ スマホの「写真フォルダ」にアクセスすると、画面に画像の一覧が表示されます。上部の「アルバム」を選択します。
「アルバム」の下段のタブには「ビデオ」「フォト」「すべて」と表示されています。撮影した動画だけではなく、写真（画像データ）もここに表示されますので、ビデオを選択して撮影した動画を選びます。素材は複数選べます。

手順④ 動画データを選んだら、右下にある緑色のチェックボタンをクリックします。これで動画データを選択したことになります。

▶撮影した動画をストーリー順に並べる

次に、画面が切り替わって作業スペースの画面が表示されます。この画面で編集の作業を進めていきます。

【動画を並び替える手順】

手順①
タイムライン上を長押しする

手順① 動画の並びを見てください。

ストーリー通りに並んでいなければ、動画が配置されている個所を長押ししてください。動画が正方形の動画単位になります。動かしたい動画データを指で押さえながらズラすと、指の動き通りに位置を変えることができます。

なお、動画の内容を確認したければ、動画が並んでいる部分を指でクリックすると、動画を再生して見ることができます。

▶動画の画面サイズ（解像度）を決める

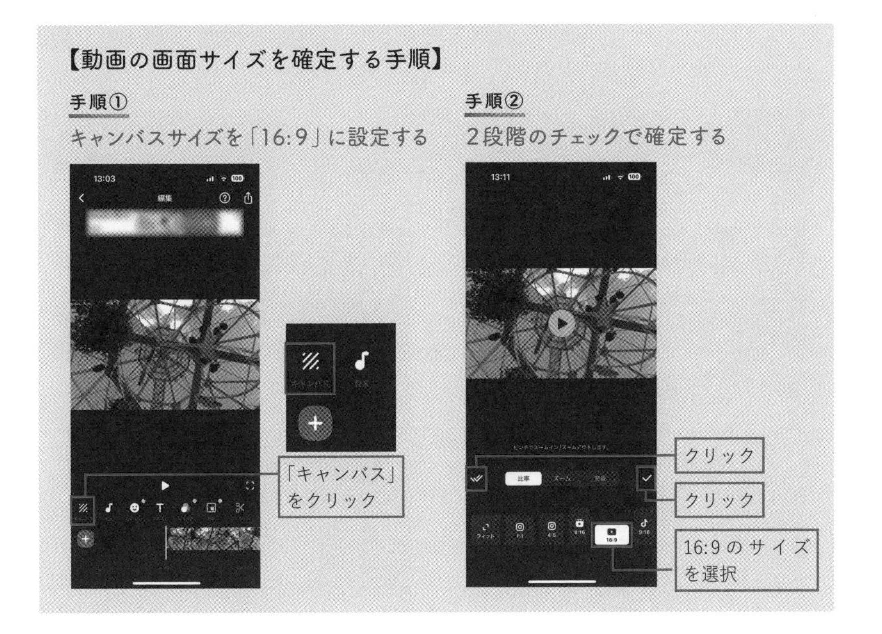

動画を並べ替えたら、動画の画面サイズを確定します。YouTube用の動画は横と縦の比率が16:9になりますが、YouTubeショート用の動画だと横と縦の比率が9：16の縦長動画になります。動画の最も基本的な設定のひとつである画面サイズは早めに設定しなくてはいけません。

手順① 画面サイズはInShotで「キャンバス」といいます。「キャンバス」をクリックすると、さまざまなキャンバスサイズが出てきます。

手順② ここではYouTubeの動画を作るため、16:9を選択します。

次に、左にあるチェックボタンが二つ重なった「✓✓」に適用するボタンをクリック。そのあとに右側にある確定のチェックボタン「✓」をクリックしてキャンバス設定の指示を完了します。これで16:9の動画を作るキャンバスが設定されました。

▶余分なシーンをカットして動画をブラッシュアップ

ここまでで大まかにベースとなる動画は完成しましたが、撮影したそれぞれの動画には必要のない部分もあるはずです。

不要な部分をカットしていきましょう。

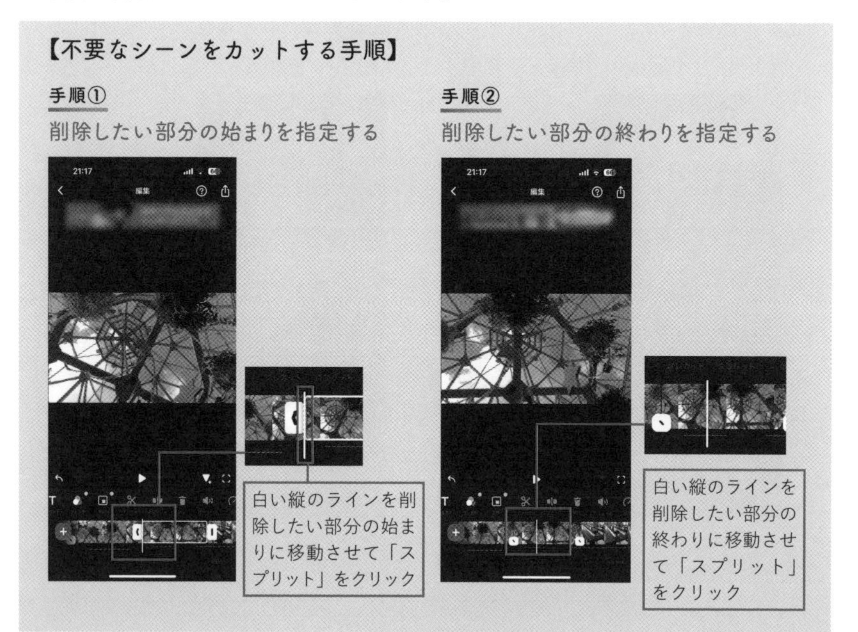

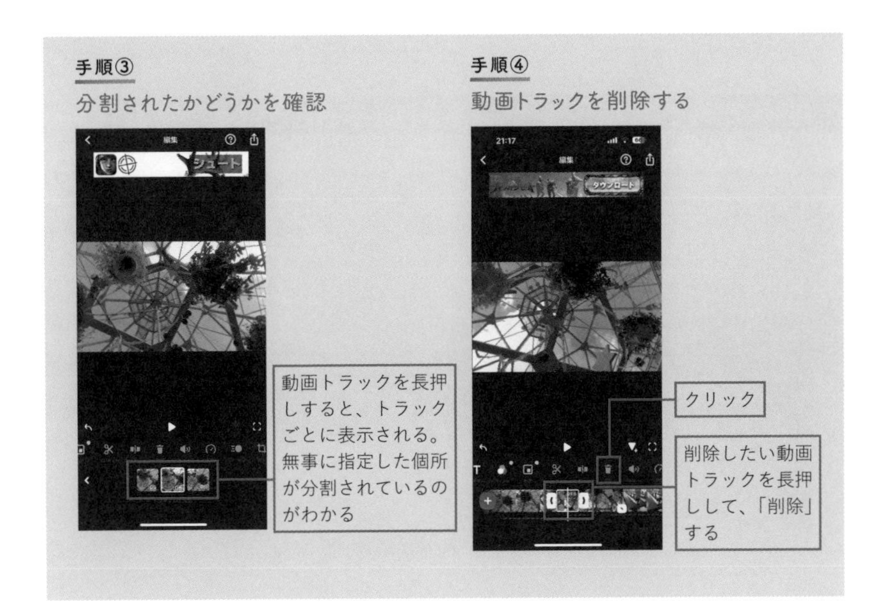

動画を選択すると、動画の左右に白い縦のラインが表示されます。動画をカットしたいときには、撮影した動画を分割して、使う動画と削除する動画に分ける必要があります。

動画編集アプリの作業指示は動画トラック（＝動画のかたまり）単位で指示をしていきます。そのため、動画の不要な部分は、一度動画トラックにしてから編集しないといけません。

動画の分割には「スプリット」機能を使います。手順① 削除したい部分の始まりに白い縦のラインを合わせて、スプリットをクリックすると動画が分割されます。手順② 同様に、削除したい部分の終わりに白い縦のラインを合わせて、スプリットをクリックします。これで削除したい動画のトラックができます。

手順③～④ 削除したい動画トラックを選択して「削除」をクリックすれば、完了です。

不要な部分の動画トラックを作る→削除する。この作業を繰り返すことで動画の必要な部分だけを残していきます。

▶並べたあとで動画シーンを追加するときはどうする？

【動画シーンを追加する手順】

手順①

追加したい動画を選択して移動する

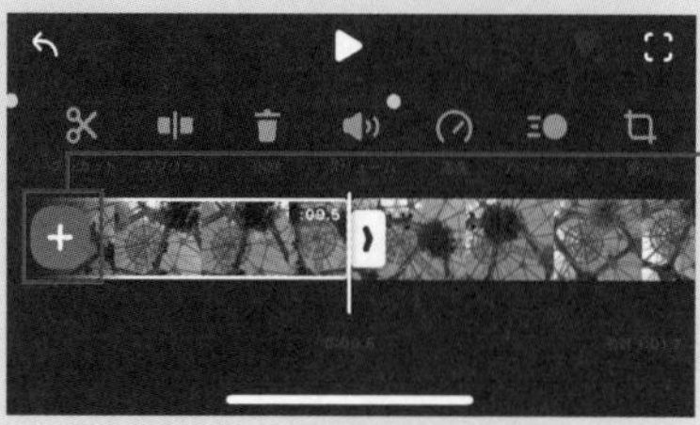

赤色の「＋」をクリック。

動画を並べたあとで追加したい動画が出てきたら、下部のタイムライン左側にある赤色の「＋」をクリックします。そうするとスマホにある動画や画像の一覧の画面が表示されます。

152ページで操作したときと同じように、挿入したい動画や画像を選んで、右下の緑色の決定ボタンをクリック。動画のタイムラインの一番左に選んだ動画や画像が挿入されるので、追加したい動画を適切な位置に移動して並べ替えます。

余分なシーンをカットしつつ、動画を追加したりして動画の全体像を作れたら完了です。

強調したい部分や細部を拡大アップしてインパクトを出す

#隠れYouTuber

▶拡大アップで動画にアクセントがつく

テレビの撮影では数台のカメラで同時に撮っていて、それをタイミングよく切り替えて映像を制作しています。

実は、これと同じような効果をスマホ１台でも生み出せます。

たとえば、拡大アップという方法は、動画のなかで強調したい部分を拡大して映像にアクセントをつけます。一般的に小さいモノを大きく見せたいときに使われることが多いですが、拡大アップを効果的に使えばメリハリのある動画を作ることができます。

拡大アップに適しているのは次のようなシーンです。

拡大アップが役立つシーン

・細かい作業をしているとき
・動画で紹介しているモノに注目させたいとき
・喜怒哀楽の表情を見せたいとき

シーンが切り替わらずにずっと同じ映像が続くと、視聴者は見ていて退屈に感じるものですが、上記のようなシーンで拡大アップを使えば動画にアクセントが生まれますし、より見せたい部分を強調できるので、視聴者に伝わりやすい動画になります。

▶30%以上拡大して、2秒以上はキープする

拡大アップの原則として知っておいてもらいたいのが、拡大アップの比率は30%以上にするべきということです。元の動画のサイズと比べて、30%以上変わらなければ動画を見ている人は気づきづらいからです。

とはいえ、「拡大しすぎない」ことも大切です。100%以上拡大すると画質がとても粗くなって逆に見づらい画面になってしまいます。これは撮影したときの解像度と動画編集で設定している解像度によって、その粗さの差が異なるために発生する現象です。

第4章で説明しましたが、動画には解像度という値があります。

YouTube用の動画は、一般的にはフルHDという1920×1080pixのサイズです。フルHDで撮った動画であれば、拡大するほど画質は粗くなります。

2倍以上拡大すれば文字だと読めなくなりますし、仮に大きな文字であっても画質が粗くなることで、動画の雰囲気が崩れることにつながりかねません。

もし拡大アップが想定されるシーンであれば、撮影時に最初から4Kの設定をしておくとよいでしょう。4Kは3840×2160pixですから、2倍に拡大してもフルHDと同じ解像度となるため、画質は粗くなりません。

また、拡大アップしたら2秒以上はその画をキープすることも大切です。2秒より短いと拡大アップへの切り替えにリズムがなくなって、見ている人がストレスを感じやすい映像になってしまいます。

▶InShotで拡大アップする

InShotで拡大アップする手順を見ていきます。

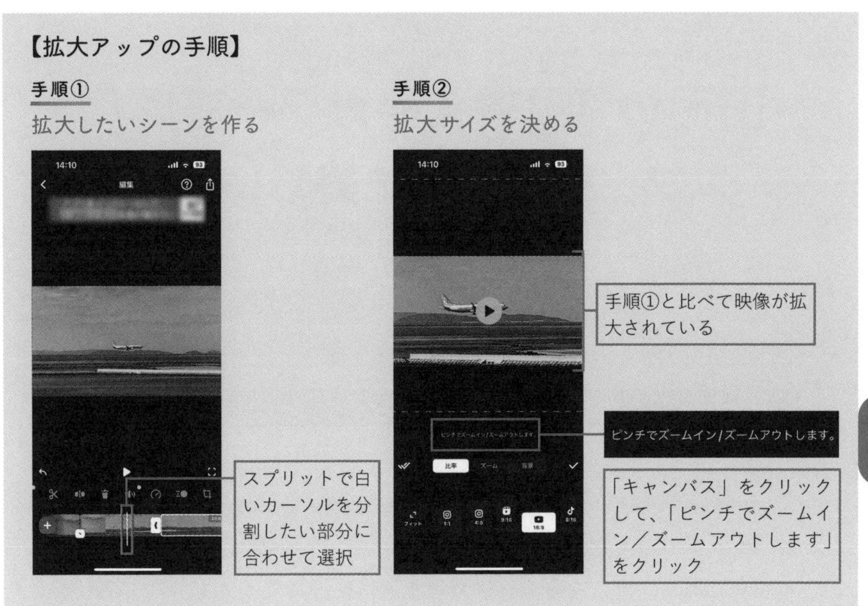

手順① 分割機能「スプリット」で拡大したい部分の始めのシーンに白いカーソルを合わせて分割します。同じように拡大の終わりとなるシーンに白いカーソルを合わせて分割します。これによって拡大したい部分のトラック、つまり動画のかたまりができました。

手順② 次に分割したトラックを選択して、「キャンバス」をクリック。表示された「ピンチでズームイン/ズームアウトします。」をクリックします。ピンチとは、２本の指で広げたり反対に縮めたりする動きのことです。

ピンチで動画の拡大したい部分を画面の中心にくるように位置を調整します。「ズーム」のタブをクリックして、画面拡大率を細かく設定することもできます。

最後に右側の「✓」をクリックすれば拡大シーンの作成は完了です。

画面の切り替えやカラー変更など エフェクト効果で美しい映像に

隠れ YouTuber

隠れ YouTuber

▶早送りでもわかるほど動画に変化をつけられる

YouTube動画をはじめとした映像コンテンツでは、動画を早送りしながら見る人が増えています。とくに若い人ほど時短で映像コンテンツを消費する傾向にあり、気になるシーンだけを通常倍速で見る人も少なくありません。

せっかく制作した動画ですから、私たちからすれば視聴者にしっかり見てもらいたいですよね。

早送りする人にしっかり見てもらうには、早送りでもわかるぐらいの変化を画面に表現する必要があります。動画に変化が起きれば、見る人は気になって動画を止めたり、重要なシーンであれば巻き戻してしっかり見てもらえるきっかけになるからです。

画面全体にわかりやすい変化をつける編集技術で私がオススメしているのは、「画面の切り替え」と「映像のカラー変更」です。前項で説明した拡大アップと同じように映像の印象を大きく変えられる編集技術であり、上手に編集できれば視聴者をグッと引きつけるポイントとなります。

▶画面の切り替えは「トランジション」で行う

「画面の切り替え」はシーンとシーンをつなぐために使われ、「トランジション」と呼ばれることもあります。

トランジションにはいくつか種類があり、たとえば「白フェード」と呼ばれる方法はその名の通り、シーンとシーンの間に白い映像効果を挿入するもので、YouTube動画ではよく使われています。

InShotでもトランジション機能が使えます。

たとえば、切り替えたいシーンをフェードアウトさせて、新しいシーンを自然に挿入することができます。前の映像が溶けるように、ふわっと消えるので「ディゾルブ」と呼ばれています。

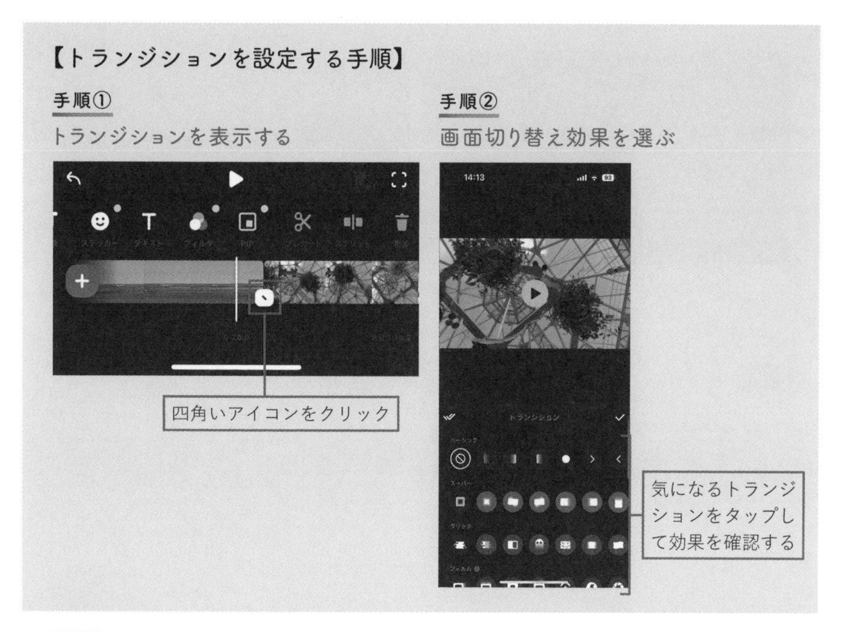

手順① 動画トラックの切り替え部分に下付きの四角いアイコンが表示されています。それをクリックすると、トランジションが表示されます。

手順② トランジションの画面にたくさんの種類が表示されます。無料で利用できるのはベーシック機能のみです。

トランジションをタップすると、実際にどう切り替わるかを確認できます。代表的な効果は次の通りです。

InShotで使える代表的なトランジション

- ディゾルブ：画面が溶けるように白くなって、次のシーンに切り替わる
- スライド：画面が左右どちらかに押し出されて、次のシーンに切り替わる
- ワイプ：画面の下に次のシーンのレイヤー（重ね）を敷き、前のシーンを円形などの形でくり抜くようにして画面を切り替える

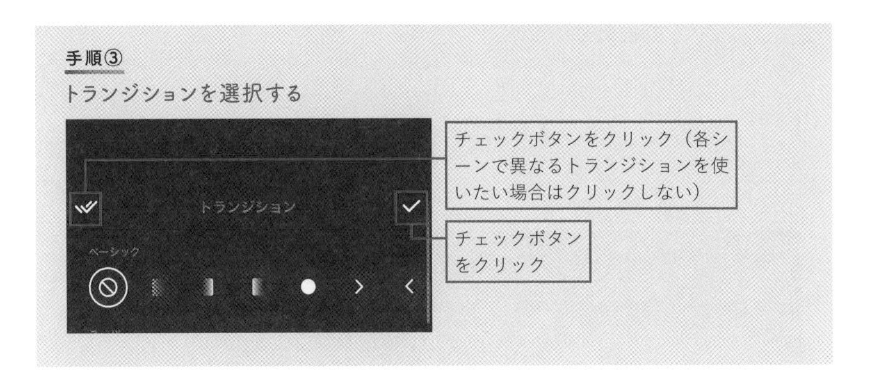

手順③ 使いたい機能を選んだら左右にチェックボタンが表示されるので、画面左にある「✓✓」をクリック。これで動画すべてに同じトランジションを使うことができます。

次に、右側にある「✓」をクリックしてトランジションの設定を完了します。

なお、各シーンの切り替えごとに違うトランジションを設定したい場合は、上記の設定を１個所ずつ行う必要があります。

▶動画の色を変えるだけで、おしゃれな雰囲気が生まれる

続いて「映像のカラー変更」を説明していきます。

カラー変更では、カラフルな色使いでポップな雰囲気を生み出したり、白黒のモノトーンでエッジの効いた映像を表現したりすることができます。

InShotでは、複数の色のパターンが用意されています。
動画のテーマに合った色使いができれば、「本当にスマホで編集したの？」と思われるくらい素敵な動画を作ることも可能です。
下記の通り、自分好みにカスタマイズすることもできますので、いろいろチャレンジしてみましょう。

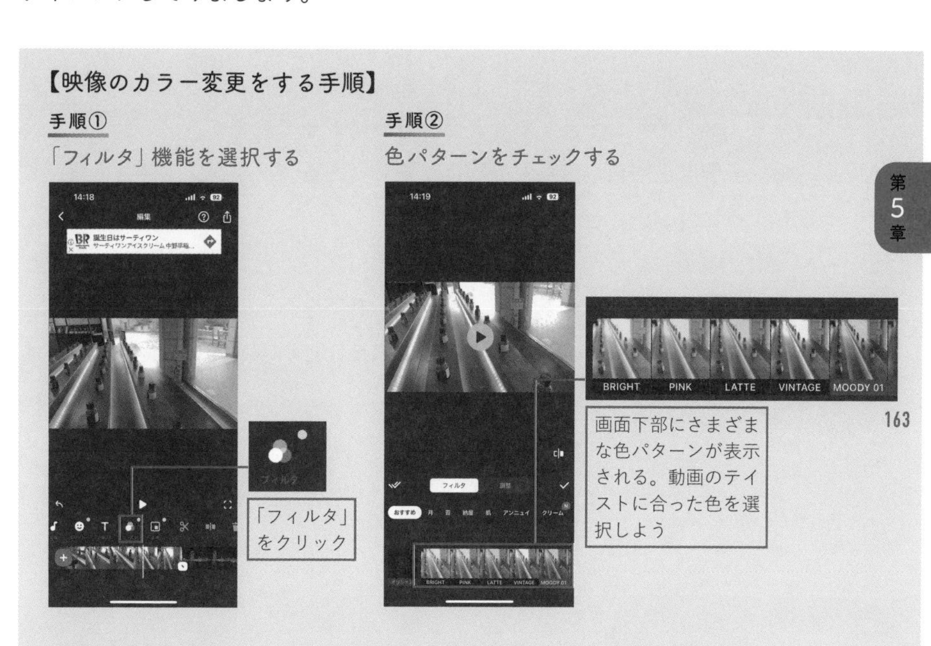

手順③
自分好みの色に設定する

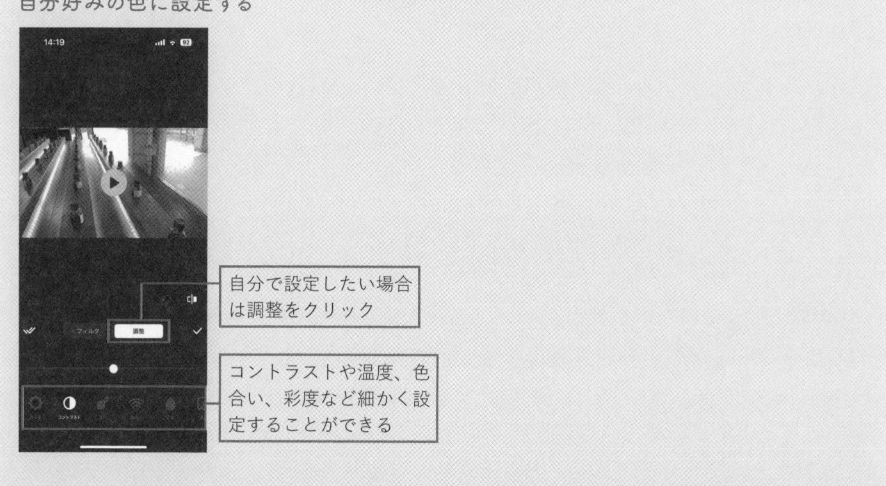

手順① タイムラインで色を変えたい動画トラックをクリックし、「フィルタ」をクリックします。

手順② 「フィルタ」をタップすると、色設定のパターンがたくさん表示されます。取り入れたいパターンをクリックすると、動画がその色パターンに変わります。

手順③ 既存の色パターンではなく、自分で細かく設定したいときは「調整」をクリックします。コントラストや色温度を操作すれば色合いをはっきりさせたり、柔らかくしたりするなど自分好みに調整できます。

コントラストや色温度などの設定が終わったら、トランジションの設定と同じように「✓✓」と「✓」を押します。

なお、各シーンの切り替えごとに違う色に変更したい場合は、上記の設定を１個所ずつ行う必要があります。ただ、動画全体としての統一感がなくなるため、シーンごとに色を変える特別な事情がないときは全体で色を統一することをオススメします。

字幕をつけて 一気に伝わりやすい動画に！

れYouTuber

隠れYouTuber

▶YouTube動画でテロップ表示は当たり前に

画面上に表示される文字をテロップといいます。最近では、テレビだけではなくYouTube動画でもテロップを使用することが普通になっています。

テロップのメリットは視聴者に文字で情報を伝えられることです。音声だけではなく、視覚的にも伝えることで視聴者の理解をより促すことができます。とくに漫画を見慣れている人には漫画のコマのように動画を見せることができるため、好まれる傾向にあるようです。

テロップの使い方は次のような種類に分けられます。

テロップの主な使い方

- 動画内容の重要なポイントにだけテロップを入れる
- 話している言葉をすべてそのまま文字として表示する
- サイレント（無音）視聴対応に使う

最後のサイレント（無音）視聴対応とは、電車などで他の人の迷惑にならないように無音で視聴している人にでも動画の内容をわかるようにすることです。イヤフォンをつけるまでもなくサクッと動画を見たい人を取り込むことができるでしょう。

隠れYouTuberは顔を出さない分、テロップを使った表現が多くなる傾向にあります。次から述べるコツや編集方法をしっかりマスターして、動画作りに生かしていきましょう。

▶テロップは1行20文字以内、2段にする

テロップは動画の情報を文字として補足する役割がありますが、テロップ自体が見づらかったら、その効果は半減してしまいます。そして、一般の方が制作しているYouTube動画に表示されているテロップは自己流で作っているものがほとんどです。

見やすいテロップを表示するためには、次の３つの基本ルールを取り入れましょう。

テロップが見やすくなる3つのルール

① 文字数は１行20文字以内、２段まで
② 読みやすい表示時間は４文字あたり１秒（20文字だったら５秒表示する）
③ 句読点は使わずに半角スペースで代用する

①は画面に多くの文字が表示されたテロップは読みづらいためです。また、②を意識することで視聴者の多くが余裕を持ってテロップを読めるようになります。

③については、一般の人にはあまり知られていないかもしれませんが、映画などの字幕表示では一般的に用いられています。視聴者はテロップを読むとき、一文字ごとに読むのではなく、文字のかたまりとして瞬間的に意味を認識しているため、それをサポートする効果が望めます。

上記の３つは映像が発明された110年前の無声映画時代から試行錯誤して編み出されたルールです。ぜひ皆さんも取り入れてください。

▶InShotでは縁文字のテロップなども利用できる

InShotでテロップをつける方法は次の通りです。

【テロップをつける手順】

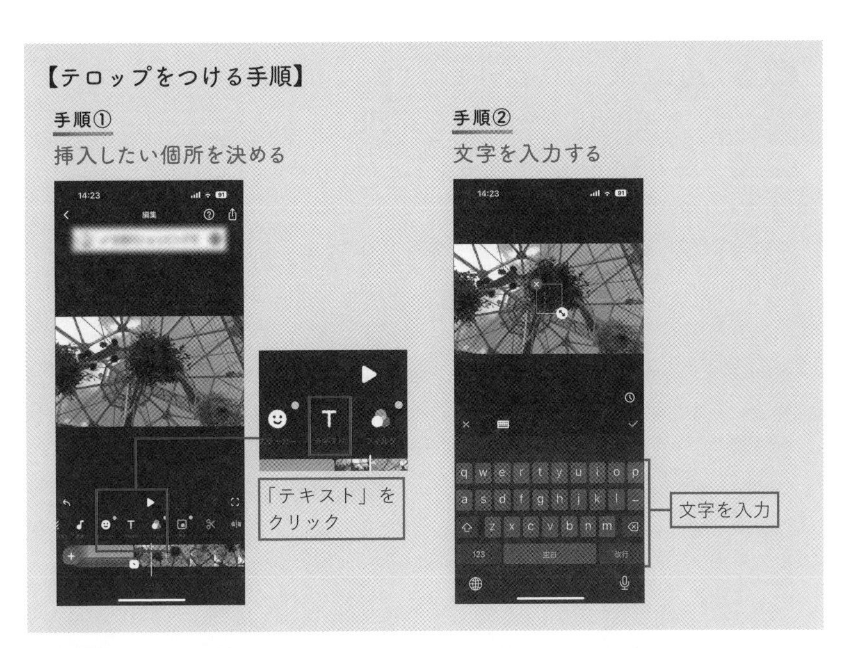

手順① テロップを挿入したい位置に白いカーソルを移動し、「テキスト」をクリックします。

手順② 「T＋」のテキストボタンをクリックすると、文字入力枠が表示されてキーボードが表れますので、文字を入力します。

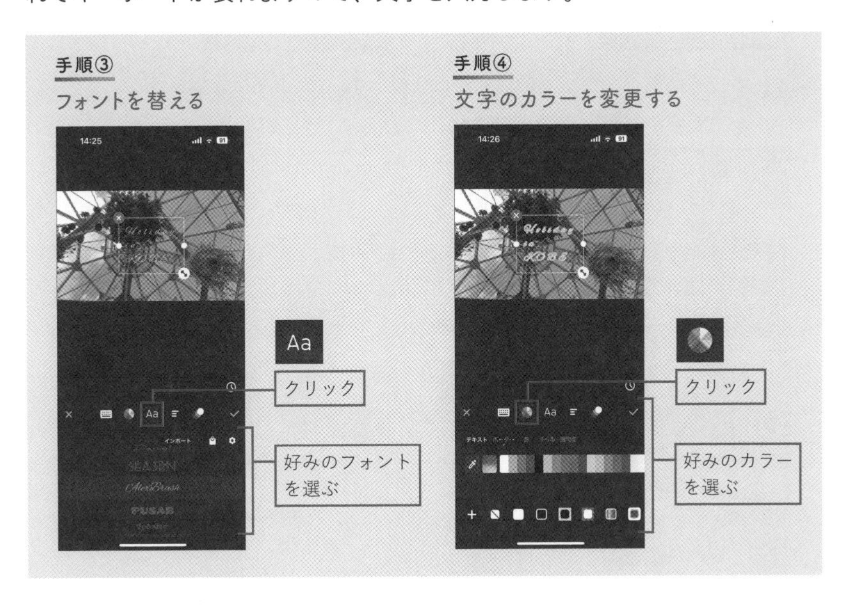

手順③ 入力した文字はフォントを変えることができます。フリーフォントのなかから、動画内容に合ったフォントを選びます。

手順④ 文字のカラーも変更できます。YouTube動画では縁文字にできる「ボーダー」機能が人気です。

縁文字を使うときは1枠だけ設定でき、縁の厚さを調整できます。また、「ラベル」を使えばステッカーのように強調したテロップを作れます。

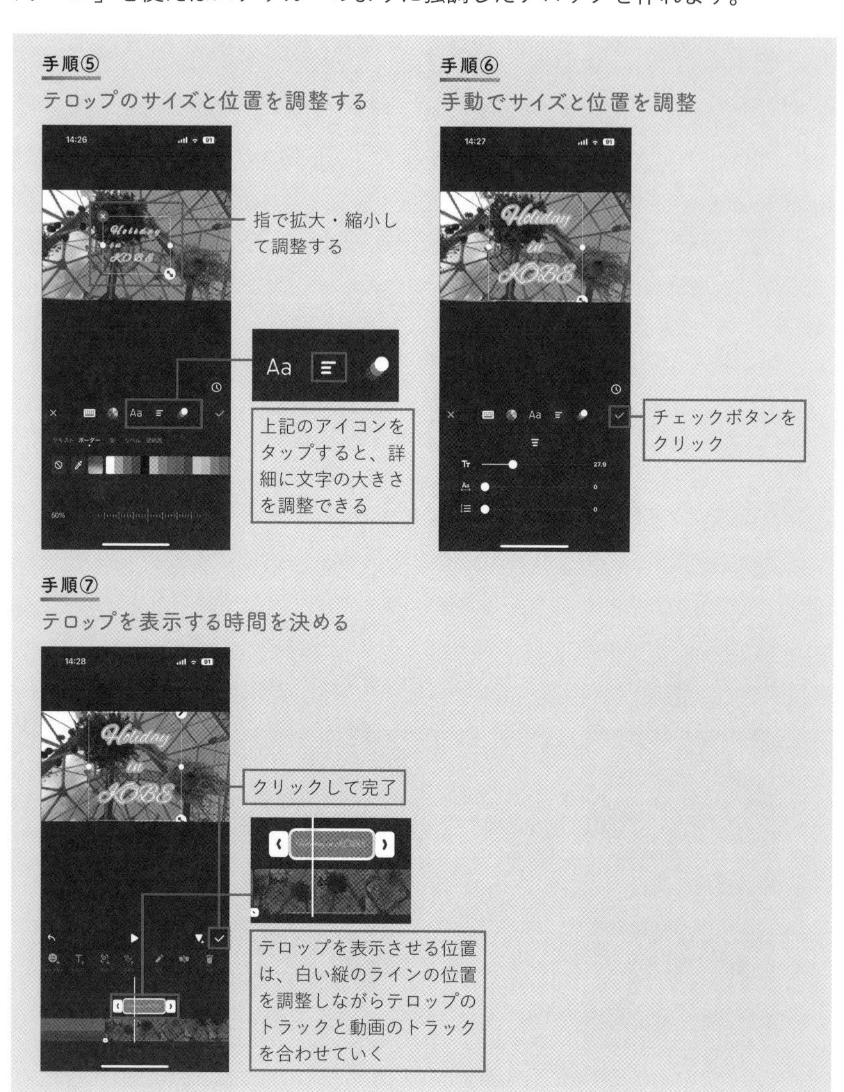

手順⑤ テロップのサイズや位置は確認画面で調整できます。指で拡大・縮小させたりできますし、より詳細に調整したいときは「☰」の文字設定をクリック。各ゲージをスライドして数値設定を行うことができます。

手順⑥ 文字のサイズや位置の調整が終わったら、右側にある「✓」を押します。動画のタイムライン上にテロップのトラックが表示されるようになります。

手順⑦ テロップを作成したら、最後に表示する時間を設定します。テロップのトラックは長押しすると表示位置をそのまま動かすことができます。右側の「✓」を押して完了です。

ちなみに、テロップは同時に複数表示することができます。テロップの２つのトラックが動画に重なって表示されることをイメージしていただければ、その仕組みを理解しやすいことでしょう。

▼複数のテロップを表示

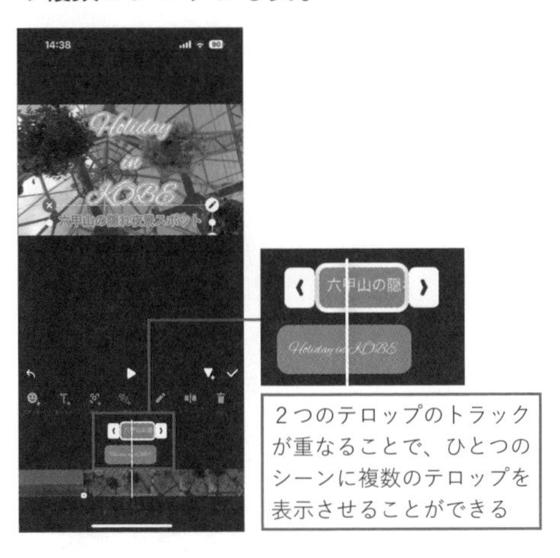

CapCutなら自動で文字起こしできる

最近のYouTube動画では、話している言葉をほとんどテロップにする動画が増えています。ただ、動画で話している内容のほとんどをテロップ表示したい場合、InShotでひとつひとつ入力するのはとても大変です。ましてや効率が求められる副業では避けたい作業です。

そこで役立つ動画編集アプリが「CapCut」です。

CapCutには自動文字起こし機能があり、動画を読み込むことで自動的にテロップを作ってくれます。InShotと同様にiPhoneとAndroidのどちらでも利用できます。

▼CapCutのダウンロード
iOSはこちらから
https://apps.apple.com/jp/app/id1500855883

Androidはこちらから
https://play.google.com/store/apps/details?id=com.lemon.lvoverseas&hl=ja&gl=US

CapCutの自動キャプション

CapCutの操作方法を説明していきます。

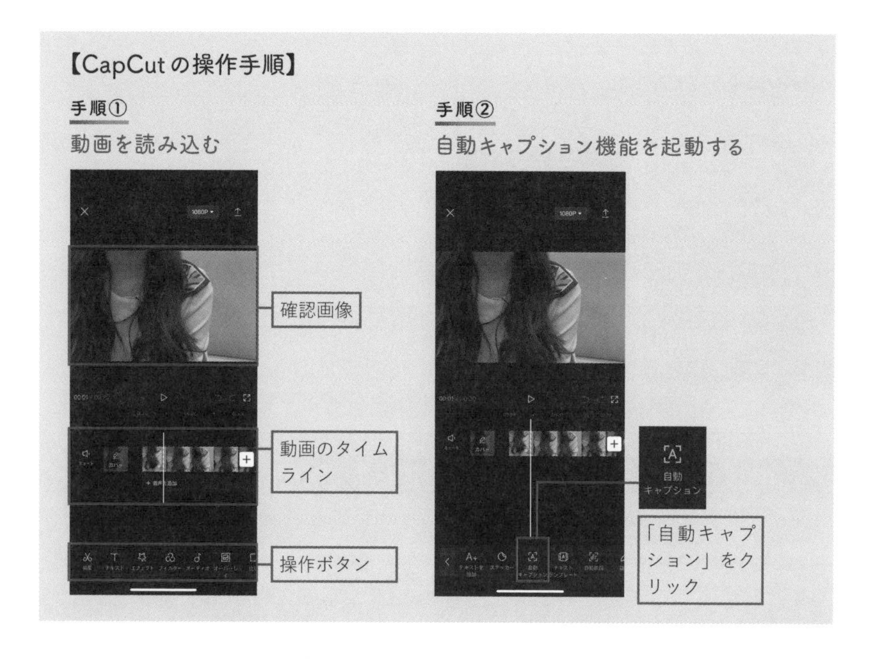

手順① 動画をCapCutに読み込むと、動画トラックがタイムラインに表示されます。上部に確認画面が表示されるインターフェイスとなっています。

手順② CapCutの自動キャプション機能を使うには最下段のボタンから「テキスト」をタップ。表示される「自動キャプション」をクリックします。

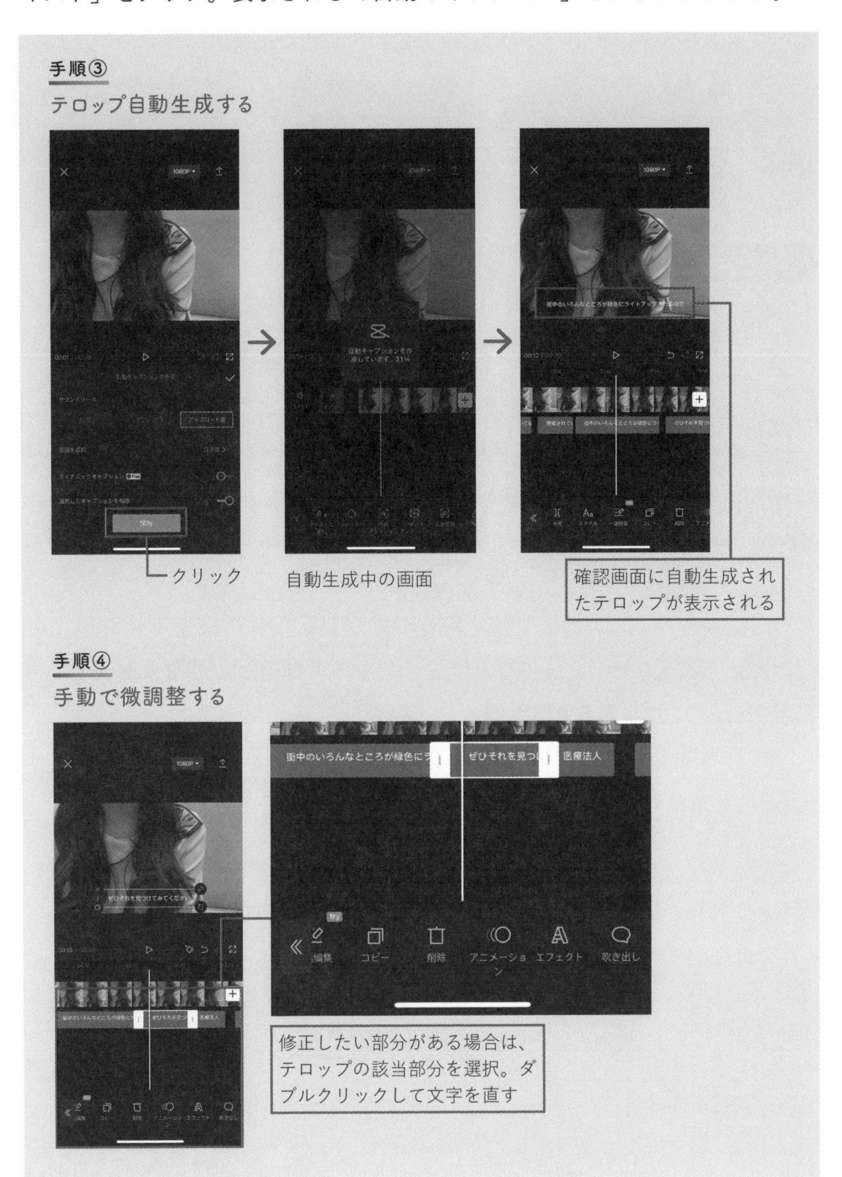

手順③「自動キャプション」をクリックすると、言語の設定などの画面が表示されます。ここで各種入力して「開始」をクリックすると、自動生成したテロップのトラックがタイムラインに表示されます。

手順④ テロップのトラックは手動で修正や設定を変えられます。自動生成といっても精度はそれほど高くはありません。誤表示が出た場合は、手動で直していきます。

最後に画面右上に表示されている書き出し機能をクリックしてデータを作り出せば完了です。

▶InShotとCapCutを連携させる

CapCutにはInShotと同じく動画編集機能がありますので、実は最初からCapCutで動画編集をすることが可能です。

スマホアプリはたくさんの種類が出ていて、それぞれ得意・不得意の個性があるので、自分とアプリの相性を重視して効率的に作業できる動画編集アプリを見つけ出すことも動画編集の大切なポイントです。

もしテロップはCapCutで簡単に作りたいけど、他の編集はInShotでしたいというときには、CapCutで作成したものを動画として書き出してから再度InShotに読み込んで編集するといいでしょう。

編集作業自体を異なるアプリで共有することはできません。そのためCapCutで編集したデータを動画として書き出すのです。

トークが苦手な人は BGMと効果音をつける

▶会話にリズムをつけたり、雑音を消してくれる

動画編集であまり注目されませんが、BGM(Background Music)には動画の雰囲気を大きく変える力があります。

映画などでも危険が訪れるシーンでは切迫感をもたらすBGMを、甘い恋愛のシーンでは煌びやかな印象を与えるBGMを用いたりします。このようにBGMを動画ストーリーに合わせて使用することで、動画の内容をより伝えやすくすることができます。

特に隠れYouTuberにとって、BGMやジングルはキャラクターイメージを作ることにもつながるので上手く取り入れたい編集技術です。

YouTube動画で期待できるBGMの効果は主に2つです。

BGMの2つの効果

① セリフや会話にリズムがつく

② 雑音が目立たなくなる

セリフや会話にリズムがあると、視聴者は自然と心地よくなります。

ただ、一般の人がいきなり会話にリズムをつけようというのはなかなか難しいです。そこでBGMの力を借りてリズム感のある動画を演出します。ゆったりした音楽なら落ち着いた雰囲気を、ポップな音楽なら元気な印象を視聴者に与えられるでしょう。

また、動画撮影では雑音が入ってしまうことがあります。とくに屋外ではクルマや飛行機の音など、室内でもちょっとした家電のノイズを拾うことがよくあります。BGMはこういった雑音を目立たなくさせる効果を期待できます。

一方、効果音は「ポン！」や「ジャーン！」などといった短い音のことです。

視聴者に注目させたい部分を強調する効果があり、YouTube動画ではよく使われます。先述した拡大アップは画面で変化をつける機能でしたが、効果音はその音バージョンと考えれば理解しやすいでしょう。

▶InShotには豊富な種類の効果音がある

InShotでBGMや効果音を挿入する方法を説明していきます。

まずは効果音から操作方法を解説します。

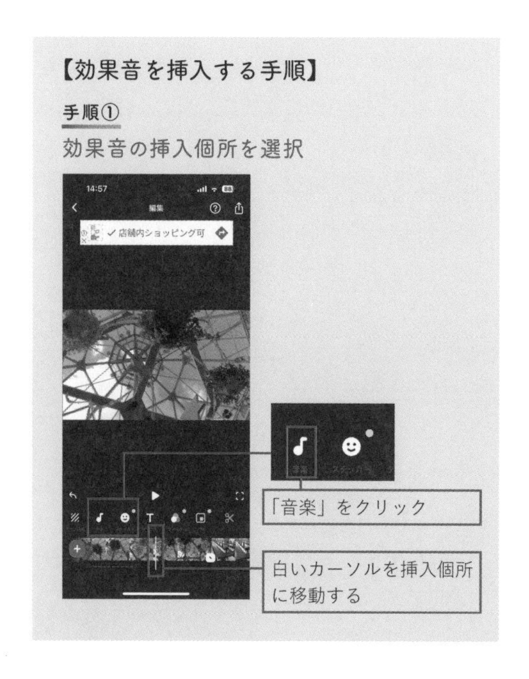

手順① 効果音を挿入したい位置に白いカーソルを移動し、「音楽」をクリックします。

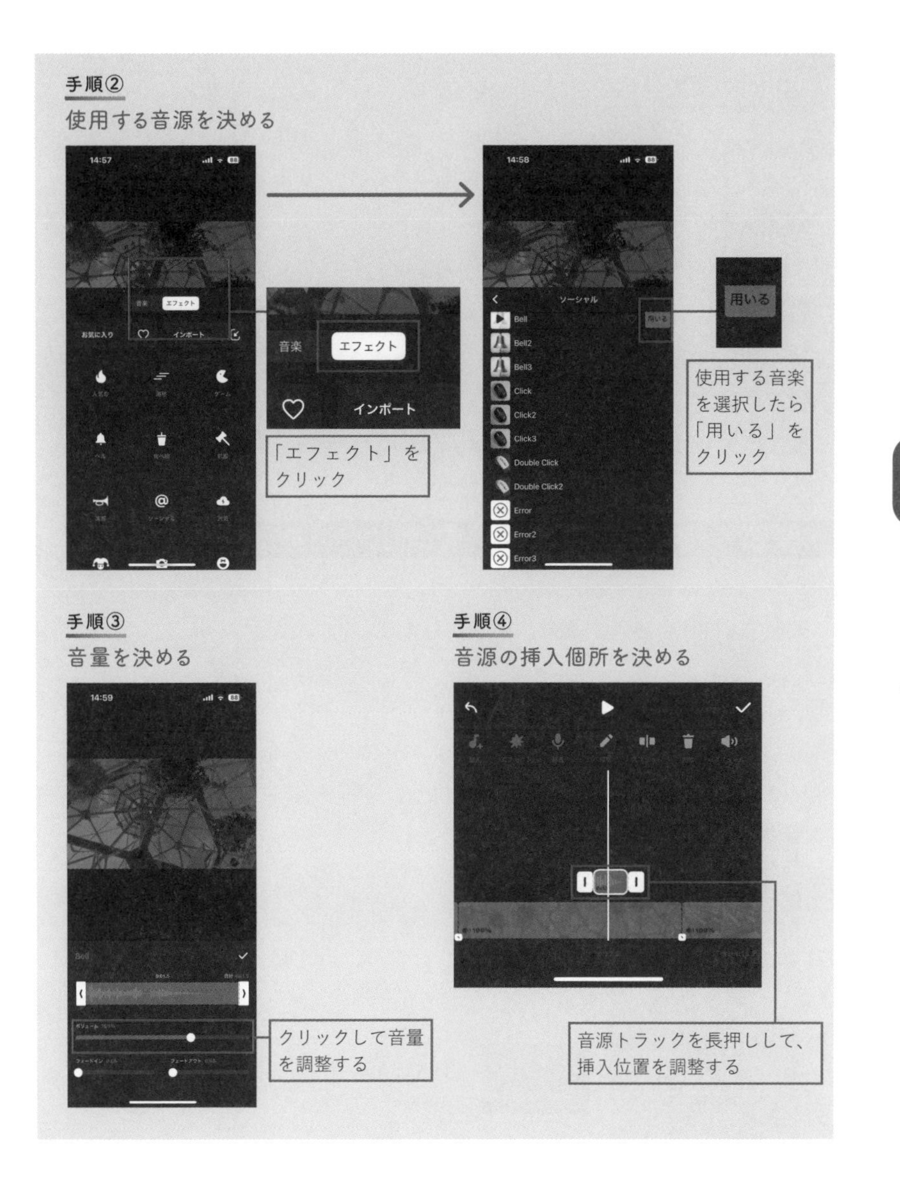

手順②「エフェクト」をクリックすると、豊富な種類のジングルや効果音がアイコンで表示されます。ここでは「ソーシャル」に入っている「Complete」を選択してみましょう。音楽は各音源のアイコンをクリックすると、試聴できます。使用するジングルが決まったら、右側にピンク色の枠で「用いる」と書かれたボタンがあるのでクリックします。

InShotの魅力は音の素材の多さです。気になる音源があったら、ハートマークをクリックしてお気に入りにしておきましょう。次回からは動画のタイムラインのうえにお気に入りの音源のトラックが表示されます。

手順③ 音源を選択した状態で「ボリューム」をクリックすると、音量を変更できます。確定するときは、右側の「✓」を押します。

手順④ テロップでの操作と同じように挿入する場所を指定します。効果音は特に挿入位置が重要です。音源のトラックを長押して、効果音を鳴らしたい位置に設定してください。

挿入位置や音量が決まったら、右側の「✓」を押して完了です。

▶豊富な種類のBGMから動画に合った音楽を選ぶ

続いてBGMを挿入する方法を説明します。

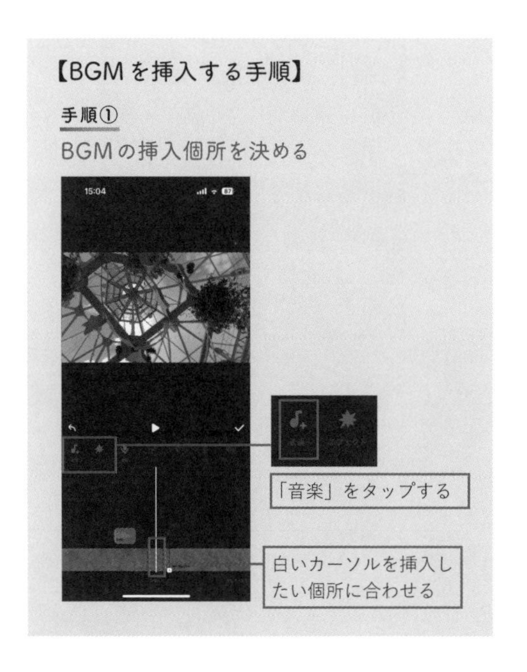

手順① BGMを流したい位置に白いカーソルを移動し、「音楽」をクリックします。

手順②
音源を決める

手順③
不要な部分を削除する

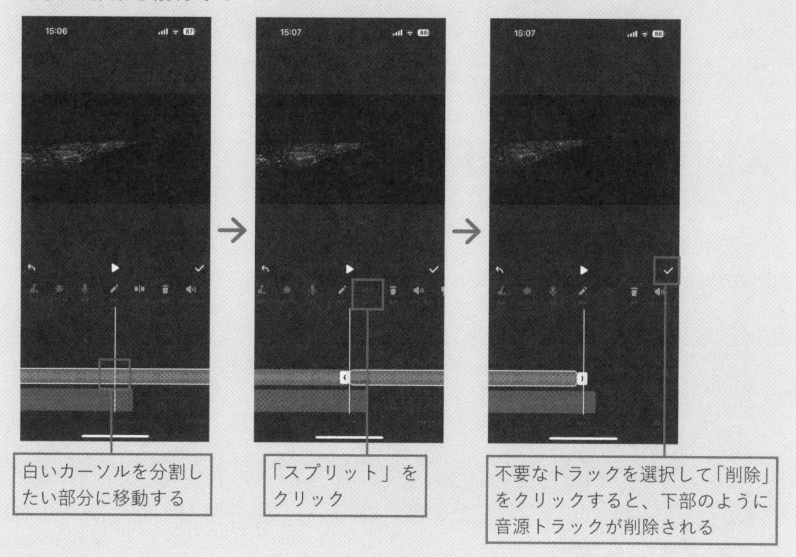

手順② 表示された「音楽」をクリックします。さまざまなアイコンが表示され、それぞれには複数の音源が入っています。ここでは「Feeling Fine」に入っている「Bossanova」（カフェで流れているような落ち着いた音楽）を選択します。

BGMを選択する前に各音源のアイコンをクリックすると、どんな音楽か試聴できます。ハートマークをタップしてお気に入りに登録できるのは効果音の編集と同様です。

手順③ 動画のタイムライン上に、選んだ音源のトラックが表示されます。効果音と違って長い時間のデータであるため、タイムラインの表示にも音源が長く続いています。

BGMの音源は動画より長い時間である場合があります。そのようなときは、動画の端に白いカーソルを合わせて、音源トラックを「スプリット」で分割します。分割後の不要な音源トラックを削除するのです。

一方で、BGMの音源の長さが動画に対して短い＝足りないということもあるでしょう。その場合はBGMの終わりに再びBGMを挿入することができます。BGM用の音楽は再生を繰り返しても違和感がない作りになっていますので、繰り返し同じ音源を使用しましょう。

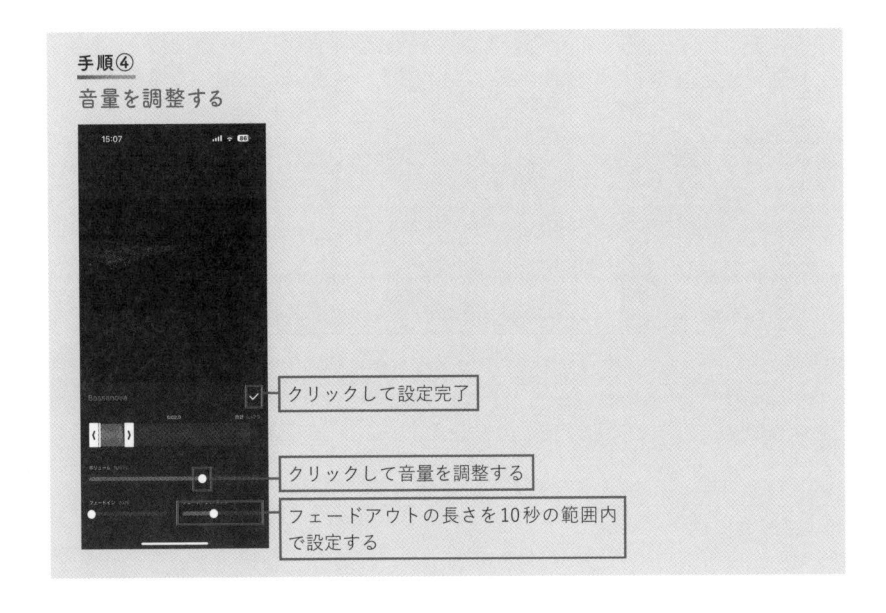

手順④ BGMの位置や長さを設定したら、音量を調整します。BGMの音量は「ボリューム」をクリックして調整できます。ポイントはメインとなる会話の音声や効果音よりも小さくすることです。あくまで邪魔にならない、飾りとしての役割だからです。

最後にBGMの終わり方を設定します。

動画の最後をカットしていると、突然プツッと音が切れて不自然な動画になってしまいます。自然な終わり方にするために、「フェードアウト」で、だんだんと音が小さくなって消える設定にします。フェードアウトする時間の長さは約10秒の範囲で設定できます。右側にある「✓」を押して、BGMの設定を完了します。

隠れYouTuber必須 ナレーションを録音する

隠れYouTuber

▶撮りながら喋るのが難しければアフレコで

テロップだけではなく、動画の内容を説明する方法に「アフレコ」があります。アフレコとは、ナレーションをあとから録ることを意味する「アフターレコーディング」の略称です。アフレコの正確な意味はナレーションだけでなく、あとから録るもの全般を指しますが、本書では撮影後に挿入するナレーションをアフレコとします。

アフレコの魅力は、動画に個性が生まれることです。人によって喋り方、声質、話すテンポ、抑揚などは違います。そのため、自分の声をナレーションに入れるだけで、他の動画との大きな差別化になります。

顔出しをしない隠れYouTuberにとって、アフレコが上手くできれば大きなアドバンテージとなりますので積極的に取り組んでみましょう。

撮影しながらナレーションを録ると、料理や工作などのハウツー動画では手元を動かしながら、喋る必要があります。

慣れていないと撮影しながらナレーションをするのは難しいと感じるかもしれません。まずは撮影をしてそのあとでアフレコすれば、動画のクオリティの向上につながるでしょう。

▶アフレコを上手に録るための2つのコツ

上手にアフレコを録るコツは次の２点です。

①１回で収録する気分で緊張感を持つ

撮影後にナレーションを録音できるメリットは、実はデメリットにもなる可能性があります。撮影後に練り上げられた原稿を作って、それをしっかりと読んでしまう人がいるためです。視聴者にとって、これはあまり魅力的ではありません。抑揚やリズムが失われて、朗読のような喋り方になってしまうことが多いのです。

ストレスを感じる動画からは視聴者はどんどん離脱していきます。YouTube動画で大切なのは視聴者にストレスなく見続けてもらうこと。そのため、アフレコでは自然な感じを出すことを心がけましょう。何度もやり直せると思うのではなく、１回で収録を終わらせる気持ちで臨むのです。

②ゆっくり話すよりもテンポが大切

ナレーションで大切なことのひとつはリズムです。

皆さんは下記のどちらが視聴者に伝わりやすい話し方だと思いますか。

・滑舌よく、ゆっくり話す
・早口で声のトーンが高い

答えは後者です。いつもより早口で声のトーンも少し高いくらいを意識することで、リズムが生まれるからです。早口だと滑舌が悪くなるのではないかと思われるかもしれませんが、多少「噛んで」も問題ありません。リズムを意識したほうが確実に聞きやすい話し方になるのです。

とくにYouTube動画ではテンポを意識して、いつもより1.2倍くらいのスピードで話すといいでしょう。1.5倍を超えると、さすがに不自然になってしまいます。

▶InShotなら簡単にアフレコができる

InShotでアフレコする手順を見ていきます。

【アフレコを行う手順】

手順①

録音したい位置を指定する

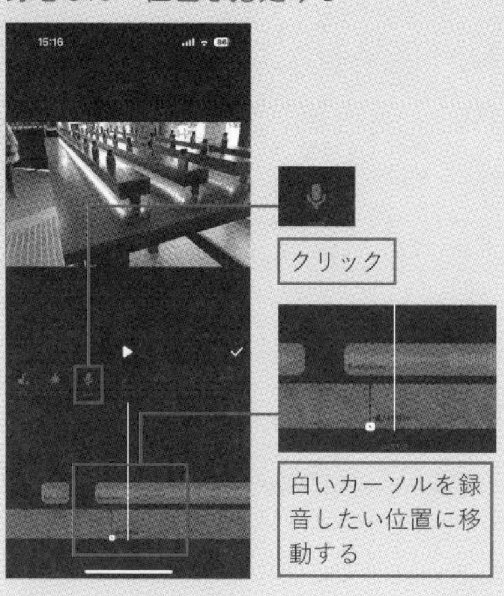

手順②

録音を開始する

「録音」を押すと、3カウントで録音が始まる

手順③

録音を終了する

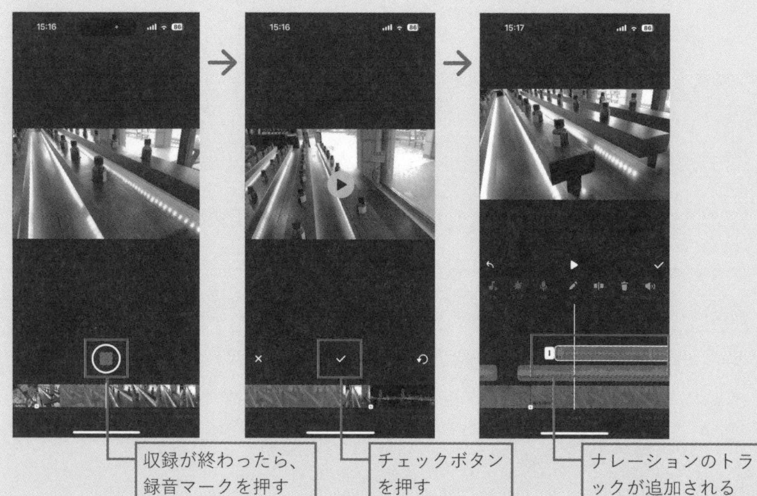

手順① 録音したい位置に白いカーソルを移動し、「音楽」をクリックします。表示された「録音」をクリックします。

手順②「3、2、1」の3カウントで録音がスタートしますので、録音の準備ができてからクリックしましょう。なお、マイクはスマホに備えつけのマイクが機能します。録音が始まると録音マークが中央に表示されます。

手順③ 録音が終了すると、タイムライン上の左に「×」、真ん中に「✓」、右に「↺」のマークが表示されます。そのまま進む場合は、真ん中の「✓」で確定します。録り直したいときは、右の「↺」でもう一度同じ位置から録音し直します。左の「×」ボタンは録音自体を止めるときに使います。

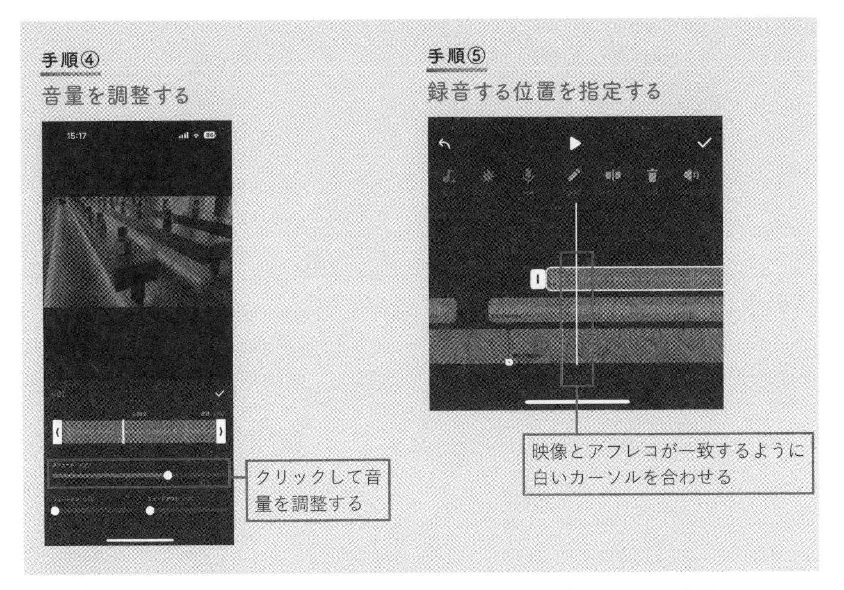

手順④ 録音ができたら録音したデータの音量を調整します。録音トラックを選択した状態で「ボリューム」をクリックすると、選んだ録音トラックの音量を変更できます。確定するときは右側にある「✓」を押します。

手順⑤ 録音トラックを表示する場所を指定しましょう。映像とアフレコの内容が一致するように重ねます。録音トラックを長押しすると、表示位置をそのまま動かすことができるので、挿入する位置を設定してください。

挿入位置や音量を決めたら、右側にある「✓」を押して完了です。最後は右上の「書き出し」ボタンをクリックすれば、編集した動画が保存されます。

▶声バレしたくない人には「VITA」がオススメ

人の顔のように声はその人のパーソナリティを構成する一部分です。そのため、アフレコは個性を出せる一方、身バレする可能性も少なくはありません。

自分の声で身バレするリスクを侵したくないという人には、動画編集アプリ「VITA」というアプリがあります。「VITA」ではテキストをさまざまな声で読み上げてくれるボーカロイドのような機能を備えています。

自分の声を出したくないけど、ナレーションを入れたいときにオススメのアプリです。

InShotと同じく、iOS、Androidともに使えます。

▼VITAのダウンロード
iOSはこちらから
https://apps.apple.com/jp/app/id1488430631

Androidはこちらから
https://play.google.com/store/apps/details?id=com.snowcorp.vita&hl=ja&gl=US

▶VITAの上手な使い方

VITAの使い方を説明していきます。

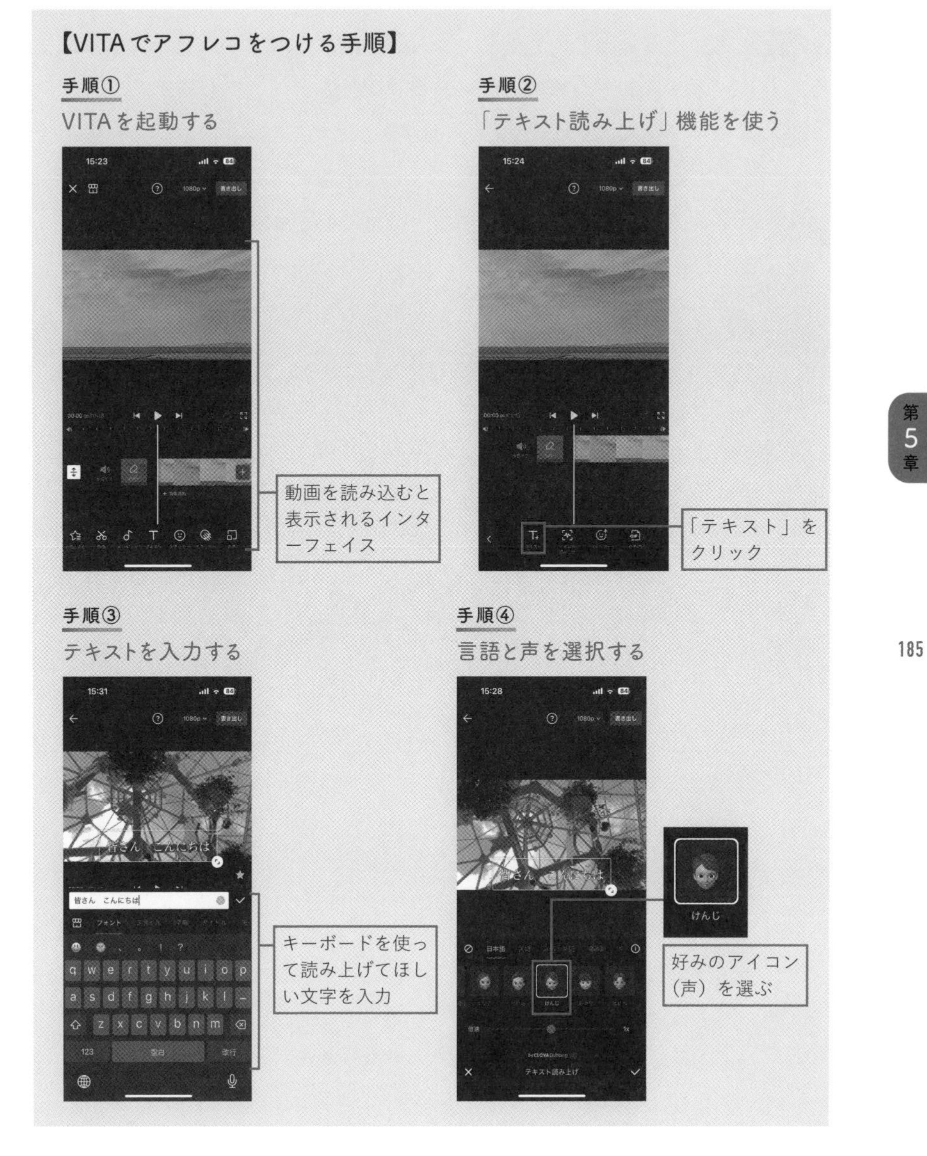

手順① VITAはCapCutと同様に、読み込んだ動画が動画トラックとなってタイムラインに表示されます。インターフェイスは上部に確認画面が出ます。

手順② VITAのテキスト読み上げ機能を使うには最下段のボタンから「テキスト」をクリック。表示される「テキスト読み上げ」をクリックします。

手順③ 上部の確認画面にテキスト入力窓が表示されます。読み上げる文字を入力し、テキスト入力欄の右側にある「✓」をクリックします。

手順④ 文字入力が終わると設定画面が表示されます。「日本語」を選択すると、その下に人物のアイコンがたくさん表示されます。人物のアイコンをクリックすれば、入力した文字を読み上げてくれます。

アイコンによって声が変わるので、イメージに合う声を探しましょう。人物アイコンの下には「話すスピード」を設定する機能があります。話すスピードが気になる場合は動画に合わせて調整します。

最後は、右上の「書き出し」ボタンをクリックします。テキストの音声への変換が始まって、タイムライン上に読み上げのトラックが表示されれば、完了です。

CapCutの説明でも述べましたが、基本的な編集作業をInShotでしたいときは、VITAでテキスト読み上げを編集したあとに、動画データを書き出しましょう。そのうえで、InShotに読み込んで編集するといいでしょう。VITAとInShotは異なるアプリなので編集作業自体をアプリ間で共有することはできません。

稼いでいるYouTuberは皆している！

第6章

結局、SEO対策が再生回数を決める

魅力的な動画でも
公開設定を疎かにしては台なし!

#隠れYouTuber

▶動画を作るよりも、動画を正しくアップロードする

第6章では顔出しなし、ありに関わらず、すべてのYouTuberに参考にしていただきたい再生回数を伸ばすコツを紹介していきます。

YouTube動画による収益を目指すなかで、多くの人がぶち当たる壁があります。それは、再生回数が思ったように伸びないことです。

本書では、企画から撮影、編集にいたるまで各段階でのテクニックを説明してきました。それを忠実に取り入れつつ、動画をいくつもアップしても、なかなか人気が出ない。そんな状況に陥る初心者の人がよくいらっしゃるのです。

動画を頑張って制作しても、動画の再生回数が少ない状態が続くとYouTubeを続けるモチベーションを保つのも難しくなってしまいますよね。

継続的に動画をアップしているのに結果が出ない人に多いのが、動画のアップロード設定を疎かにしているケースです。

アップロード設定とは、動画タイトルや概要欄の説明、「タグ」の設定、公開時間やサムネイル画像などを入力する作業です。実は、YouTube側は投稿者が決めた動画の設定を判断基準にどんな動画か認識しています。そのうえで、どういった視聴者にオススメするかを決めています。

たとえば、アップロード設定を正しく行い、動画をコツコツとアップしていくと、急にインプレッション(YouTubeでのオススメ動画や関連動画表示)

が増えて、再生回数が増加することがあります。平均100回程度の再生回数だったのが急に3000回の再生回数を記録するといった現象が起きるのです。

▼YouTubeのアナリティクス画面

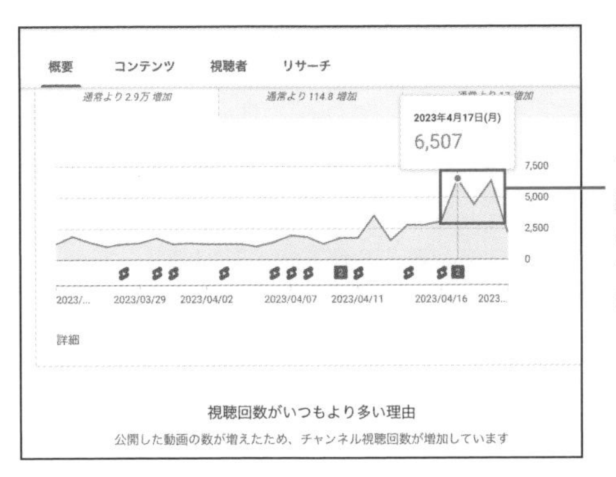

アナリティクス画面で再生回数の推移を確認できる。写真のように、動画を正しくアップロード設定していると急に再生回数が上がることがある。

私はこのような動画を「ヒット動画」といいますが、明らかにそれまでとは再生回数の伸びが変わります。配信者のなかには、「動画の内容自体は変えていないのに、なんでこの動画だけ再生回数が伸びたんだろう？」と首をかしげる人もいらっしゃるほどです。

なぜ、このようなことが起きるのかというと、YouTube側が定期的に動画をアップロードしているYouTuberに対してサポートする仕組みがあるからだと私は分析しています。公式に発表されているわけではなく、あくまで私のこれまでの経験からですが、YouTubeは優良な投稿者＝定期的に動画をアップしている人を優遇して、オススメ動画や関連動画に掲載されやすい仕組みを取っているのではないかと考えられるのです。

つまり、正しい設定で動画をアップロードしないと、関連動画やオススメ動画として表示されないこともあり得るのです。いつまでも再生回数が伸びないのは、動画の内容が面白くないからではなく、そもそも正しい設定がされていないからかもしれません。

私の知る限りでも、アップロードを正しく設定していない人は本当に多くいらっしゃいます。

「動画を作ることより、アップロードの設定を正しく行う」

極端に思われるかもしれませんが、視聴される動画を作るために必要な考え方です。

第６章では、再生回数と再生時間を増やすために必要なアップロードの設定方法について説明していきます。頑張って制作した動画が多くの人に届くように、しっかりと取り組んでいきましょう。

▶一度「非公開」にしてあとからしっかり設定してもOK

YouTube動画のアップロード設定を行うタイミングは２回あります。

▼スマホで動画を
アップロード設定している画面

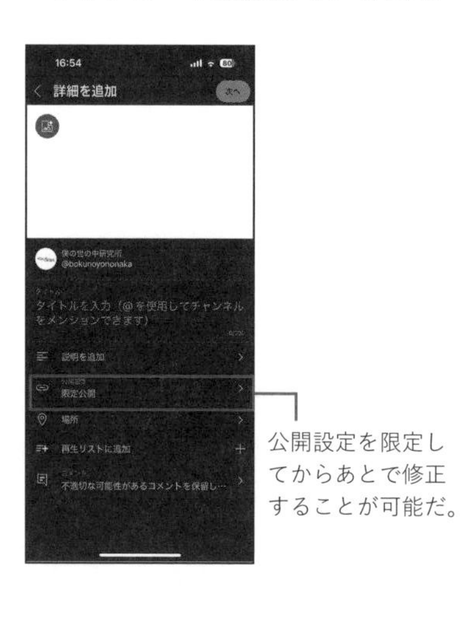

①動画のアップロード時に設定

YouTubeに動画を投稿するときにアップロード設定の画面が表示されます。基本的には、最初に動画をアップするこのタイミングでしっかりと設定をします。ただ、作業が大変な場合もあるので、一度「非公開」ステータスで動画の設定を完了させたあとに、②の「YouTube Studio」で修正する方法もあります。

②動画アップ後に「YouTube Studio」で設定を直す

動画をアップロードしたあとで設定し直すことができます。

スマホでは、「YT Studio」というスマホアプリから設定変更をします。「YT Studio」は「YouTube Studio」の機能を備えたアプリです。アプリを開くと、アップロードされた動画が一覧で表示されるので、そこから設定し直したい動画を選びます。

▼スマホアプリ「YT Studio」の画面

パソコン版と同じように、視聴回数や推定収益などの情報を確認できる。

ちなみに、過去にアップロードした動画について、時期に合った検索トレンドに変更することで、再生回数が上がることが少なくありません。動画をアップロードするときだけではなく、すでに公開した動画の公開設定を変更することも大切だと覚えておきましょう。

次ページからはわかりやすいようにパソコン画面での操作を実例にして操作を解説していきますが、スマホでも基本的な部分は変わりません。ただし、「カード」「終了画面」など「YT Studio」で設定できない機能はパソコンで設定してください。

YouTube動画を見てもらうためにたくさんの「導入」を設定する

▶投稿した動画にたくさんの人の目に留めてもらうために

詳細なアップロード設定の説明に入る前に、YouTube動画を見てもらうきっかけにはどのようなものがあるのか確認していきましょう。

YouTube動画では広告収益がメインだと第1章でお話ししました。

広告収益を得るためには再生時間を獲得していくことが大切です。YouTube側が魅力的な動画と判断するパロメーターに再生時間の長さが挙げられるからです。

再生時間を伸ばす初めの1歩は、まず視聴者に自分の動画を気づいてもらうことです。どんなによい動画を投稿したとしても、その存在を知ってもらわなければ、不特定多数の人に視聴されることはありません。

チャンネル登録をしてくれている人にはYouTubeから動画の案内が通知されたり、過去に自分の動画を視聴してくれた人には視聴履歴に応じてオススメ動画として表示されることで動画に気づいてもらうことができます。

では、自分の動画を視聴したことがない視聴者には、どうやって自分の動画にたどりついてもらうのでしょうか。

YouTubeの視聴者は、次のようなきっかけで動画にたどりつきます。

検索ワード①

ウェブサイトと同じくYouTube動画も検索の対象です。Googleをはじめとする検索エンジンでキーワードを入れることによって、そのキーワードに関連する動画が表示されます。

詳細は後述しますが、YouTubeで動画を公開するときに「タイトル」と「概要欄」をしっかり設定すること。この2つに検索にヒットしやすいキーワードを設定できるかでどうかで検索に引っかかる数が変わってきます。ここでは「タイトル」と「概要欄」の設定が大切だということを覚えておいてください。

検索ワード②

検索エンジンでヒットするのは、動画コンテンツそのものだけではありません。動画を投稿しているチャンネルも検索の対象です。

YouTubeでのチャンネル設定で大切なのは「チャンネル名」と「チャンネル概要の説明」。この2つにいかに検索数の多いキーワードを設定するかが勝負になります。チャンネル概要の説明が設定されていないチャンネルがたくさんあります。しっかり対応することが動画の視聴につながります。

SNSのハッシュタグ

YouTubeでは検索ワード以外にも動画に気づいてもらえる方法があります。

ひとつは「#（ハッシュタグ）」から動画を知ってもらう方法です。#はキーワードの前につけられ、動画をグループ化する機能を持ちます。

たとえば、「SNSで話題の書籍を読んでみた #shorts」といった動画タイトルがあったとします。このようにタイトルのなかに「#〜」とついている動画に気づいたことはないでしょうか。この場合、「#shorts」とすることで、ショート動画のグループにまとめられます。#を賢く設定して視聴者に多くの動画を見てもらうように誘導できます。

関連動画

視聴者が動画を視聴すると、その視聴ページに関連動画が表示されます。

皆さんもついつい関連動画に表示された動画をクリックして見たことがあるのではないでしょうか。配信側からすれば、再生回数の多い動画に自分の動画を紐づけられるのが理想です。つまり、自分の動画を関連動画として表示して再生回数を増やすのです。

関連動画に表示されるために大切な役割をしているのが「タグ」です。

ここで注意が必要なのは、先に説明した#とタグは別のものだということです。似た言葉なので混同してしまうのですが、#は視聴者に見えるのに対して、タグはなにが設定されているか視聴者にはわかりません。

どんなに賢い仕組みがあってもYouTube動画を言語としてのデータベースにはできません。そのため、関連性のある動画を設定するためにタグが存在しています。関連動画の表示はタグ以外にもYouTubeの複雑なアルゴリズムが関係していますが、タグが重要な役割を担っていることは間違いありません。

TwitterやInstagramなど他のSNS

YouTubeはSNSのひとつです。TwitterやInstagramなど他のSNSなどと相性がよい仕組みを持っています。

たとえば、YouTube動画には「共有」ボタンがあり、そこをクリックすることでTwitterをはじめとした他のSNSに動画を共有することができるようになっています。事実、TwitterやInstagramなどを通してYouTubeの動画を視聴するということはよくあります。

他のSNSへの共有の数は面白い動画のバロメーターともいえます。そのため、他のSNSへの共有の数が多いと、YouTube側はその動画を魅力的な動画だと認識するといわれています。動画を公開するときには最低でも5回以上の共有がされるようにするYouTuberも多くいます。実際、YouTubeアナリティクスという分析ツールでどうやって動画にリーチ（到達）したかを調べると、Twitterはもちろん LINEなど他のSNSからの流入も多いのが実情です。他のSNSを使った共有は新しい視聴者獲得には欠かせない対応なのです。

以上のように、YouTubeの動画を視聴してもらうための入り口はたくさんあります。大切なことはできる限りすべての入り口に対応することです。どれかひとつでも疎かにすることは、せっかくの視聴者獲得のチャンスを逃してしまうことになります。間口を広くして、動画の視聴につながるようにYouTube動画を作っていきましょう。

動画タイトルで大切なのは固有名詞、リズム、数字の3つ

▶動画タイトルは検索に引っかかるために最も重要

ここからは実際にYouTube動画のアップロード方法を説明していきます。

最初に設定する項目は「動画タイトル」です。

YouTube利用者にどんな動画が表示されるかは、動画検索で入力したワードと動画タイトルの一致度に大きく左右されます。また、関連動画に表示されるためにも動画タイトルは大切な要素です。

動画タイトルがない状態ではYouTube側は動画を特定できません。

極端な例では、撮影した時間をタイトルとして入力すると、「202309081200.mp4」となります。しかし、このようなタイトル名ではどんな内容の動画なのかわかりませんし、視聴者からの検索には引っかかりづらいでしょう。

動画タイトルはアップロード設定のなかで最も重要です。動画タイトルをつけるときに大切な3つのポイントを解説していきます。

▼動画タイトルの設定画面

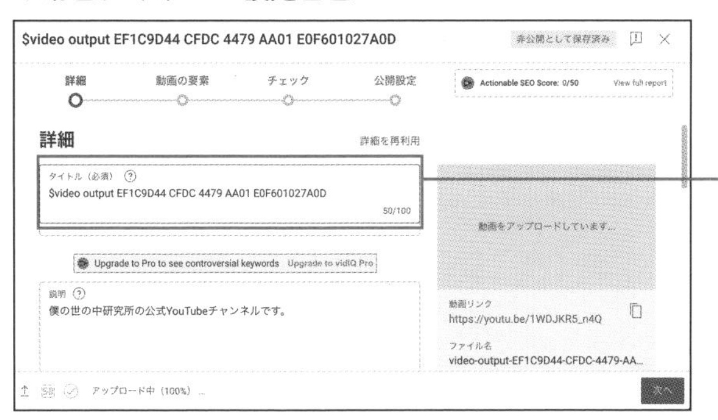

動画内容を表していないタイトルはNG。次ページで述べる3つのポイントを取り入れたタイトルをつけよう。

① 具体的な固有名詞を入れる

まずひとつ目は、固有名詞を入れることです。

たとえば、下記のようなタイトルの動画があったとします。皆さんはこのタイトルをよいと思いますか？　それともイマイチだと思いますか？

> 「街で有名なあの激辛ラーメンにチャレンジ！」

私はあまり魅力的なタイトルのつけ方ではないと思います。視聴者の視点に立つと、「街」→どこの？　「あの」→なにが？　となるためです。

あえて焦らす目的でつけたタイトルであればまだいいのですが、それでも検索にヒットする可能性が著しく下がることを考慮しなければなりません。ですから、なるべく固有名詞をタイトルに入れるようにして変更してみましょう。

> うまい！辛い！安い！ラーメン激戦地区新宿で支持率No.1
> 「ラーメン木村（東京・新宿）」の
> 激辛ラーメン「絶叫ラーメン」にチャレンジ！

上記では、３つの固有名詞を入れました。

・「街」→東京・新宿
・「あの」→ラーメン木村（店名）
・「激辛ラーメン」→絶叫ラーメン（商品名）

具体的な街の名前やお店の名前を入れることで、知っている人が検索したときにヒットしやすいようにしているのがポイントです。

「あの」「この」「その」といった、いわゆる指示語だけではなく、大きなカテゴリーを指す言葉「街」「会社」「学校」「電車」も検索に引っかかりづらくなります。できるだけ固有名詞を使ったタイトルを考えるようにすることを心がけましょう。

一方で、修正前の「有名」や「激辛ラーメン」は引きのある検索ワードです。タイトルに残して、検索でヒットする確率を高めています。「有名　激辛ラーメン」といったあいまいな検索にも対応することができます。

② 4拍のリズムを作ってインパクトを出す

ふたつ目がリズムです。言葉にリズムが生まれると、韻を踏むことでインパクトを出せます。先の例では動画タイトルの冒頭に「うまい！　辛い！安い！」とつけました。よどみないテンポで声に出せますよね。

リズム感を生み出すコツは4拍を意識することです。

「上手くやる秘訣は プラン、ドゥ、チェック、アクトだ！」

上記では、プラン、ドゥ、チェック、アクトで4拍のリズムを作っています。他にも「絶対 絶対 絶対 オススメ！」のように同じ言葉を3回繰り返して、最後に異なる言葉で締めるのもひとつの方法です。

強引にリズムをつける必要はありませんが、パッと読みやすい動画タイトルにすることは、動画をクリックしてもらうために大切なことです。

③ 数字を入れて視聴者の興味を引く

３つ目は数字を動画タイトルに入れることです。

たとえば、「スマホのバッテリーが長持ちするテクニック」よりも「スマホのバッテリーが長持ちする３つのテクニック」といったように、数字を入れるだけで動画タイトルが引き締まって見えます。

数字を入れるときのポイントはできるだけ奇数を選ぶことです。広告や宣伝文句などでは、「３つのコツ」「５つのポイント」「７つのルール」といったように奇数を用いることが多くあります。

また、順位を表す言葉も文章にインパクトを与えやすいです。「支持率ナンバーワン」や「人気投票第１位」という、キーワードは人を引きつけるのに役立ちます。

初心者と差がつく
動画概要欄の正しい設定

#隠れYouTuber

▶概要欄の設定はYouTube初心者と差がつきやすい

動画タイトルをつけたら、概要欄を入力します。

概要欄になにも入力しなくても動画はアップロードできますが、絶対に入力するようにしてください。概要欄は検索で引っかかるための大切な要素であり、入力しないとあとで説明するチャプターや#の機能を使いこなせません。YouTube動画を収益化するために、概要欄を入力するかどうかはライバルに差をつける大きな分かれ目となります。

入力する項目について順に説明していきましょう。

①動画の概要

後述するように動画の概要欄では最初の２行が最も重要となります。詳細に説明しようとするのではなく、どのような動画なのか簡単に40文字程度で入力します。

②動画の内容

動画を見てもらうための取っ掛かりを作ります。動画のストーリーについて「なにを」「どうして」「どうなった」という３つの視点で簡単な説明文を作りましょう。

たとえば、「ラーメン激戦地の新宿で支持率No.１のラーメン木村の絶叫ラーメンにチャレンジ。果たして完食はできたのか⁉」のような感じです。

なお、動画の詳細は後述するチャプター機能を使うことで伝わりやすくなります。

③他のSNSなどの情報

YouTube動画の概要欄では、入力したURLはハイパーリンクが有効になります。ハイパーリンクとは設定したWebページに飛ぶ機能のことです。

YouTube動画の概要欄ではblogやTwitter、InstagramのURLを載せるようにしましょう。他のSNSとリンクさせることで、相乗効果を期待できるからです。

そして、ポイントはSNSのなかでもYouTube動画と親和性が高いと思われるコンテンツページのURLを貼ることです。視聴者に興味を持ってもらえる可能性が高まるので、クリックしてもらいやすくなります。

▼動画の詳細の設定画面

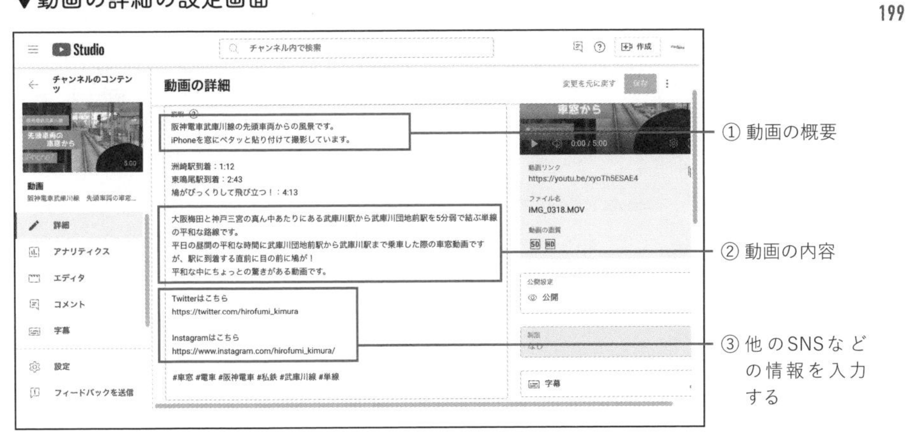

▶概要欄の最初の2行は40文字を意識する

YouTube動画を視聴する端末は、スマホやタブレット、パソコン、テレビなどに大きく分けられます。ここで注意したいのが、パソコンとスマホやタブレットでは動画の概要欄の見え方が変わるということです。

パソコンでYouTube動画を視聴するときは、デフォルトの状態では概要欄には最初の2行の文章だけしか表示されません。そこから続きを読みたい場合は「もっと見る」をクリックする必要があります。そのため、YouTube動画の概要欄では最初の2行が最も大切です。

YouTubeの概要欄の1行あたりの文字数は視聴者のデバイスの解像度やブラウザの表示サイズによって異なりますが、だいたい20〜55文字です。どんな人にも見やすく表示されることを考えると、20文字を1行と考えて合計40文字を意識するとよいでしょう。

一方で、スマホやタブレットのアプリでは概要欄は「矢印マーク」、もしくは「概要」をクリックしなければならないため、この考え方は不要です。

▼視聴者から見た動画概要欄

パソコン表示では概要欄は最初の2行の文章だけしか表示されない。

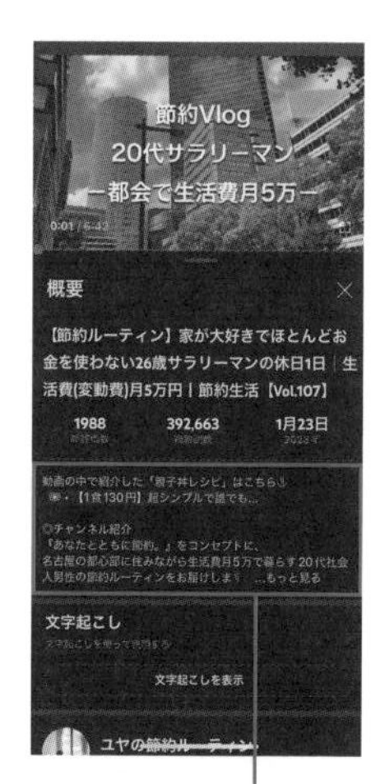

スマホやタブレットでは概要欄は「矢印マーク」もしくは「概要」をクリックしなければ表示されない

書くべき文章の内容は下記の2つです。

①手軽さや情報性の高さをアピールした文章

動画を見てもらうためにターゲットに訴えかけるような文章を入力します。

・「お酒が大好きな人必見！　帰宅後３分で作れるおつまみレシピ」
・「１年に１回だけ走るレアな特別列車を内部まで撮影しました」

上記のように手軽さや情報性の高さを出すといいでしょう。
次の３点の内容も加えられたらベストです。

動画概要欄で書くべき3つのポイント

・どんな人にオススメなのか
・動画の見どころ
・「必見」のような煽りキーワード

概要欄の冒頭は視聴者に「私が知りたい動画だ」と欲求を高めるための投げかけですので、基本的には相手に話しかけるような文章にするといいでしょう。

②動画を見たあとのアクションを助けるフレーズを入れる

動画を見たあとの視聴者の行動を促す文章もオススメです。

・「この動画で紹介したレシピの詳細はこちらのブログをご覧ください」
・「１年前のレア走行時の動画はこちらをクリック」

このように過去のYouTube動画を案内したり、他のSNSのなかで関連性のあるコンテンツがあれば、そちらに誘導したりするのです。YouTubeの動画ではカード機能（221ページ参照）などで案内する方法がありますが、概要欄で表示するのが最もクリックしてもらいやすくなります。

▶視聴者からの需要が高いチャプター機能をつける

皆さんはDVDを見るときにチャプター機能があることをご存じでしょうか。チャプター機能では、シーンごとに区切られているため、視聴者は視聴したい部分を簡単に見つけることができます。

YouTube動画でもDVDと同じように見たいシーンに簡単にジャンプできるチャプターを設定できます。チャプター機能を設定することで、視聴者を動画の見どころにスムーズに誘導できるようになります。

チャプター機能の設定は次の通りです。

まず、概要欄に「00:00 チャプター名」といったように入力します。たとえば、下記のような感じです。

03:52 大根をかつらむきにします
07:41 お皿に盛りつける時に料亭のように見栄えよくする方法

すると、「03:52」と「07:41」にハイパーリンク機能がつきます。そこをクリックすると動画の3分52秒や7分41秒部分にジャンプして視聴することができます。

▼チャプターを設定した仕様

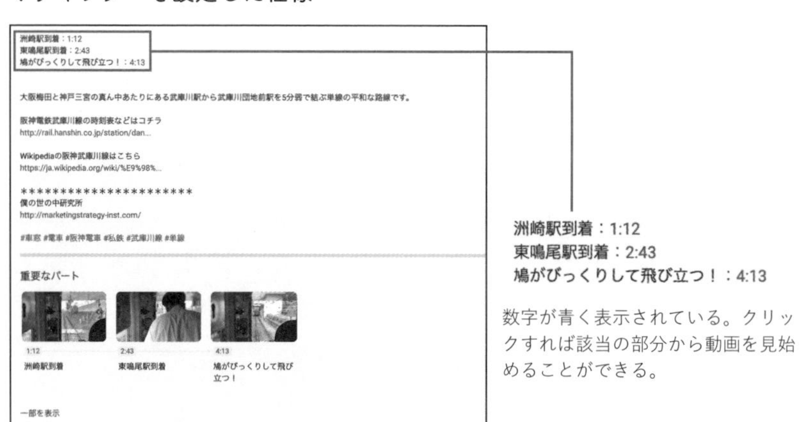

数字が青く表示されている。クリックすれば該当の部分から動画を見始めることができる。

チャプター機能はYouTubeの検索結果にも影響を与えます。つまり、チャプターの数を設定するほど、検索結果に引っかかる可能性が高まるわけです。チャプター機能は再生時間の短い動画ほど効果は薄れますが、検索に引っかかりやすくするために細かくチャプター設定するようにしましょう。

▼チャプターを設定した動画

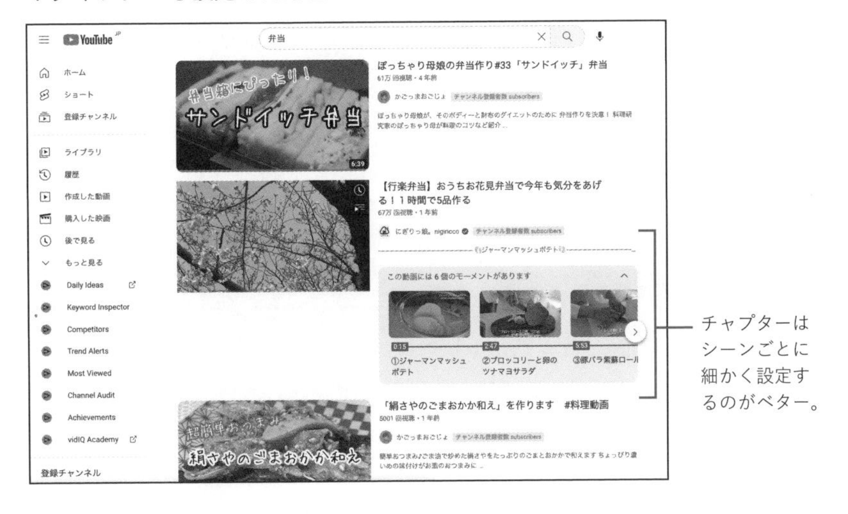

▶＃（ハッシュタグ）を上手に活用する

＃（ハッシュタグ）はSNSで定番の仕組みになっていることから、動画概要欄に＃を設定する必要があります。

視聴者にとって＃で検索することのメリットは、気になる動画をまとめて表示できることです。つまり、同じ＃がついている動画を一挙に探すことができるわけです。このことは配信者の立場からすると、効果的な＃をつけることができれば、再生回数を稼ぐことにつながります。

＃をつけるときのポイントは次の３つです。

① 独りよがりにならないこと

極端な話ですが、自分の名前を＃にしても、よほどの有名人にならない限りは検索されません。ですから、YouTube動画を視聴するターゲット層がどんなことを気にして＃を使って検索するかを考えて、決める必要があります。

② 人気過ぎる#を使わない

人気の#の上位には人気YouTuberの動画やたくさんの再生回数を記録している動画が優先的に表示されます。YouTube動画の投稿で、人気の#をつけてもたくさんの動画のなかのひとつとされてしまいます。これでは#をつけてもあまり意味はありません。

#の理想は次のようなケースです。

#をつけるときの3つの判断基準

① 1000以上の動画が検索でヒットすること
② １万回超えの再生回数を記録している動画があること
③ 自分と同じぐらいの再生回数の動画が上位に表示されていること

①や②はそもそもYouTube動画の市場で需要があるかどうかを見極めるという点で重要です。③はそのなかで現在の自分のレベルで勝負できるのかどうかを判断するための基準です。

すでに話題となっている#を探して、自分の動画と関連が深そうだったらその#を設定する。隠れYouTuberの場合は、基本的には話題となる#を上手く使うことが成功への秘訣です。

③ #は思いつく限り、多く設定する

動画を見ている人がその#を気にしてクリックすれば、まとめページにジャンプします。ジャンプした先に過去の投稿動画が何本もあれば、さらに再生回数や再生時間のアップにつながります。

ひとつの動画につける理想的な#の数は人によって意見が分かれますが、私は思いつく限りつけることをオススメしています。ただし数打てば当たるの精神ではなくて、しっかり検討したうえで必要な#をつけることが大切です。

人気動画と同じ「タグ」を設定
オススメ動画や関連動画に表示

▶タグの探し方がわかるとインプレッション数がアップする

自分の動画が不特定多数の視聴者の関連動画ページに表示されるためには、「タグ」の設定が重要だと先述しました。

タグとは、YouTube上で検索性を高めるために、動画の内容を一言で表したキーワードのことです。タグで関連のある動画だと認識されると検索結果に表示されやすくなるため、動画タイトルや動画概要欄などと同様に大切な設定なのです。

ただタグはタイトルや概要欄と違って、視聴者には表示されません。入力せずにアップロードしている動画が多くありますが、タグを上手く使うことで多くの人に気づいてもらうチャンスが広がるので対応しましょう。

タグは動画のアップ時に設定します。タイトルなどを入力していくと、下段にタグがあります。

▼タグの設定画面

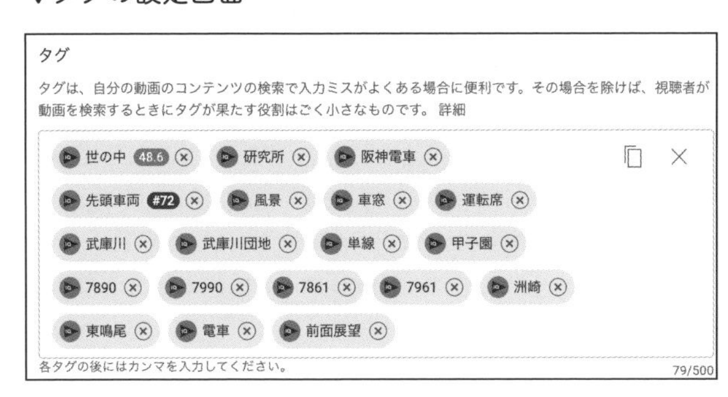

視聴者には表示されないが、SEO対策では「タグ」はとても大切だ（※画像は分析ツール「VidIQ」を使ったときの表示）

タグには動画の内容に合ったキーワードを入力します。

自分の動画を関連動画に表示させるには、人気のある動画と”関連させること”が大切です。ですから、再生回数が高くて内容の近い動画をまず検索。その動画に使われているタグを設定するようにします。

ただ、先に述べたようにタグは視聴者には表示されません。

下記の方法で調べます。

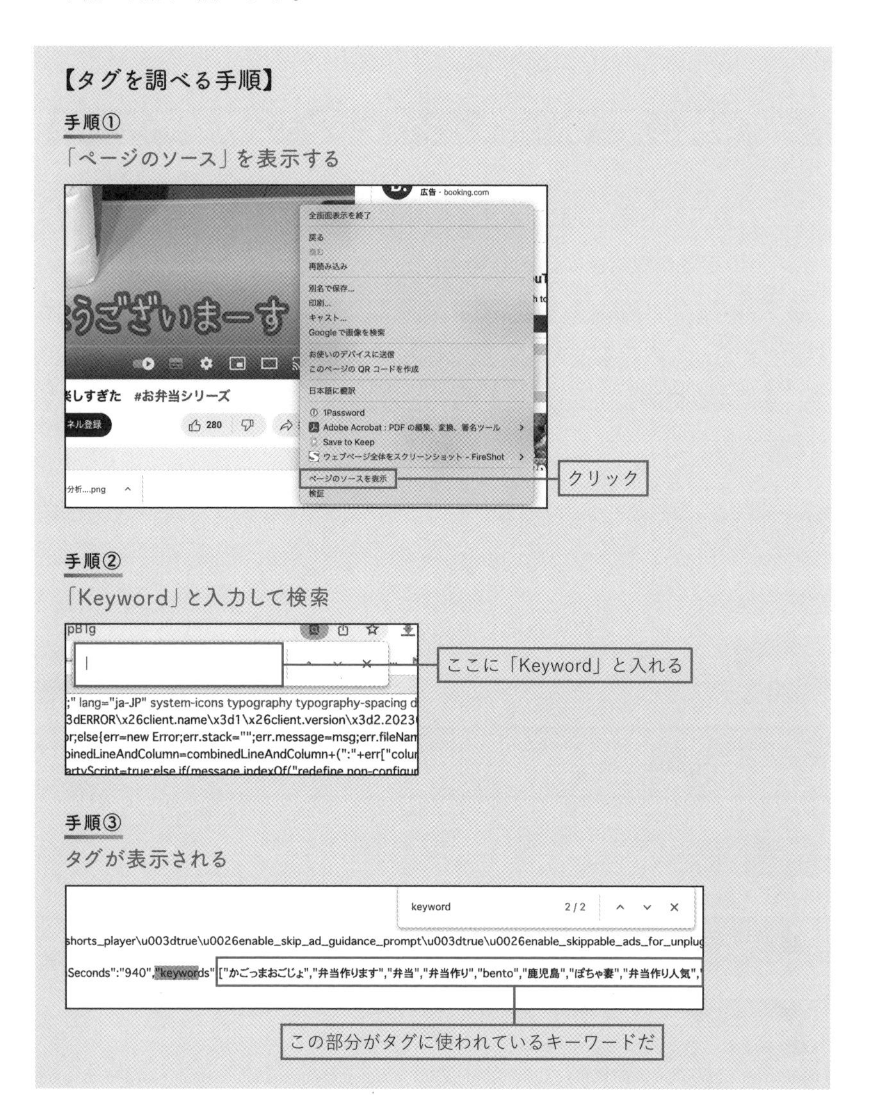

手順① 動画のページを開いて、「ページのソースを表示」でHTMLを表示する。手順② ページ内（WindowsならCtrl + F）で、「Keyword」と検索します。手順③ ヒットしたなかから、"keywords" の次に続いている部分がその動画に使われているタグです。

そのなかから、自分の動画の内容に合ったタグをピックアップします。これで、再生回数の多い動画と相性のよいタグを設定することができます。

その他にもYouTube分析ツール、たとえば分析サイト「vidIQ」なら画面右側に「VIDEO TAGS」として、その動画に使われているタグが表示されます。

▼「vidIQ」の「VIDEO TAGS」機能の画面

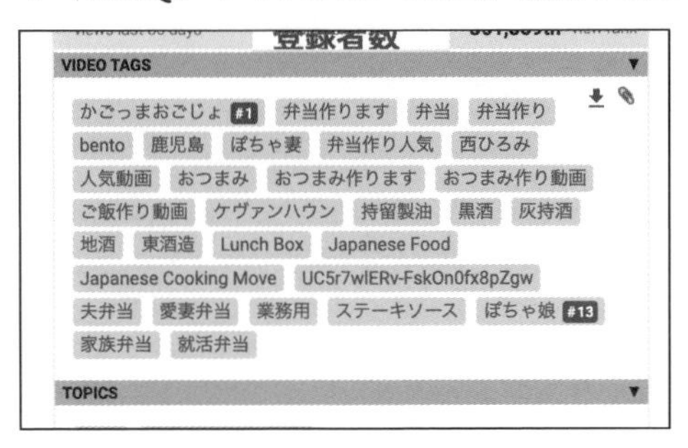

YouTube分析ツール「vidIQ」なら、写真のように動画に設定されたタグが一目瞭然で把握できる。

タグの設定は最大500文字までです。

識者のなかではできるだけたくさん入力したほうがよいとの意見が主流です。実際、私もそのほうが関連動画からの流入が多いととらえています。

なお、海外からの視聴者も狙うなら日本語だけではなく、英語も設定しましょう。「ギター」は「Guitar」と表記するように、ターゲットとしたい国の言語でキーワード入力することで、文字数は埋まっていくはずです。

▶自分の動画に独自のキーワードを共通して入れる

タグの設定では、自分の動画すべてに共通するキーワードを入れることも大切です。

動画すべてに共通するキーワードとは、動画のチャンネル名やハンドルネーム、動画のチャンネル IDなどです。動画のチャンネル IDは、「設定」から「詳細設定」を見れば、表示されています。

これらのキーワードを入力しておくと、動画を視聴してもらった人に他の動画も関連動画として表示されるようになります。つまり、一度動画を見てもらえれば、そこから続けて見てもらえる可能性が高まるということ。収益化のための大きなステップとなります。

動画の公開時間は動画ジャンルによって変える

▶ジャンルによって視聴されやすい時間は異なる

「YouTubeで動画を公開するのに最適な時間はありますか？」

よく受ける質問のひとつです。
答えは、「チャンネルごとで最適な時間が異なる」です。
私はたくさんのチャンネルの運営をサポートをしてきた経験から、カテゴリーごとに再生回数が伸びやすい時間帯があることを感じています。

下記がその一例です。

再生回数が伸びやすい時間帯

・ゴルフのレクチャーなどのチャンネル　平日の17時頃
・お弁当の作り方のチャンネル　平日休日問わず10時頃
・キッズ向けおもちゃやゲームのチャンネル　平日休日問わず14時頃
・ギターの弾き方をレクチャーするチャンネル　平日の19時頃
（※筆者の経験に基づく）

YouTube動画をアップし出した頃は適切な公開時間をつかめないことでしょう。上記を参考にして、自分の動画ジャンルではどの時間帯に再生回数が伸びそうかを探していく必要があります。

▶なぜ視聴されやすい時間があるのか

では、なぜYouTubeでは動画ごとに視聴されやすい時間があるのでしょうか。これには、YouTubeの通知機能とインプレッション（オススメ表示）機能が大きく影響しています。

チャンネル登録した動画チャンネルで新しい動画が公開されると、「ベル通知」の案内が届きます。それに気づいた視聴者が動画を見るという仕組みになっており、「ベル通知」はチャンネル登録者が増えると再生回数獲得にとても役立ちます。

ですから、「ベル通知」をいつ視聴者に届けるかが大切になるわけです。ゴルフの動画チャンネルであれば、会社からの帰宅時間に合わせて17時頃に公開すると、動画を再生しやすいタイミングになります。また、お弁当の動画チャンネルであれば、朝の家事をひと段落させたタイミング＝10時頃に公開すると、主婦（主夫）が再生しやすくなります。

なお、有名YouTuberが動画を公開すると一気に再生回数が増えて、それにつられて関連動画の再生回数も増えます。そのときに見てもらうように時間を合わせて設定するという選択もあります。また、自分と似た内容をアップしている動画チャンネルをチャンネル登録しておいて、どの時間に動画を公開しているかを分析するのもオススメです。

▶再生されやすい公開時間はアナリティクスで確認

どの時間帯に動画が見られているのかは、YouTubeのアナリティクスで確認できます。まず、「YouTube Studio」→「アナリティクス」へと進んでいき、視聴者タブに表示される「視聴者が YouTube にアクセスしている時間帯」をチェックします。

表示される色に注目してください。色が濃くなっている部分は再生が集中している時間帯です。

公開時間は、色が濃くなる時間の直前に設定するのが正解です。再生時間の確認は曜日ごとに調べることもできます。

ただ、一定数の再生回数を獲得するまでは数値不足となって表示されません。それまでは人気動画の公開時間を調査したり、視聴者の行動を想像したりして公開時間を決めていきましょう。

▼「視聴者が YouTube にアクセスしている時間帯」の画面

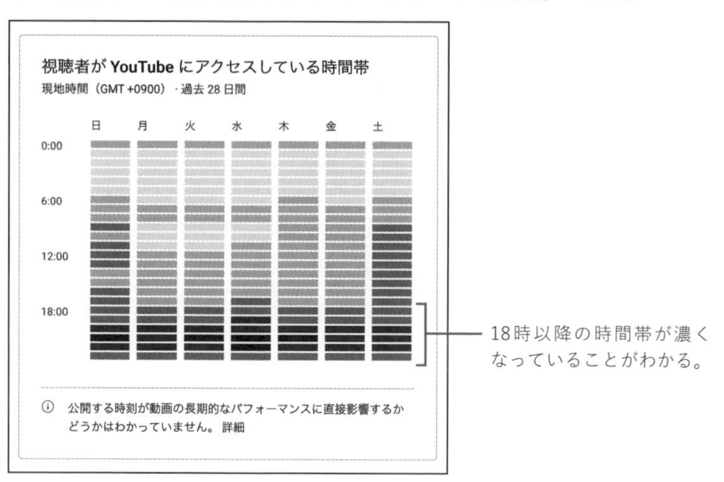

色が濃くなっている直前に公開時間を設定するとよい。上記では18時頃が目安だ

視聴者を焦らす工夫が必須！
動画サムネイルは魅せる画像に

隠れ YouTuber
隠れ YouTuber

▶動画にサムネイルを設定しよう

YouTube動画のサムネイルとは、検索結果や動画一覧で表示される際のメイン画像のことを指します。サムネイル画像は“動画の顔”として表示されるため、視聴者に与える印象は絶大です。

YouTubeでは動画をアップロードすると、自動で３つサムネイル案が表示されます。３つのうちのどれかを選択することでサムネイルを設定できますが、視聴者に動画をクリックしてもらうためには、ぜひカスタムしたサムネイルを設定してください。

▼サムネイルの設定画面

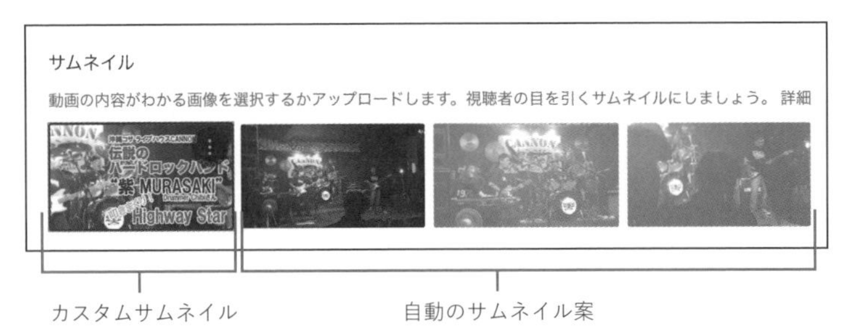

カスタムしたサムネイルは、「サムネイル」の「サムネイルをアップロード」をクリックして画像をアップロードできます。画像データをアップするために、下記の条件が設定されています。

アップロードできる画像の条件

① 画像サイズ：1280 × 720 pix（比率：16:9）
② データサイズ：2 MB 未満
③ ファイル形式：JPG、PNG、GIFのいずれか

なお、カスタムサムネイルはYouTubeチャンネルの確認を完了していないと設定できません。

▶2つのポイントを取り入れてカスタムする

視聴者に再生してもらえるサムネイル画像の作り方を説明します。まず、下記の2点を意識しましょう。

サムネイル作成時に心がける2つのポイント

① 視聴者を焦らす言葉を盛り込む
② 人の肌を写す

①は「知らないとヤバい」「こんな人は必見」「だから損している」「超・時短技！」など、煽るような言葉を盛り込むテクニックです。

サムネイル画像では①が大切です。わざわざ動画タイトルをサムネイルに入れている人もいますが、そもそも動画タイトルは画面内に一緒に表示されますので、もっと具体的な言葉で動画をアピールするほうが効果につながります。

②は、サムネイルに人の肌が映っていると再生回数が伸びやすいといわれています。データによる根拠はありませんが、収益を得ている多くのYouTuberが取り入れています。一種のゲン担ぎに近いかもしれませんが、実践してみて損はないでしょう。肌の色ですから顔でなくても大丈夫です。

なお、サムネイル画像のトレンドはどんどん変化しています。その時期に求められているトレンドを意識して作成することが大切です。

▶PowerPointでカスタムサムネイルを作る

カスタムしたサムネイルを作成するのには画像加工が必要です。ここでは副業でも対応しやすいように、PowerPointの画像書き出し機能を使ってカスタムサムネイルを作ってみましょう。

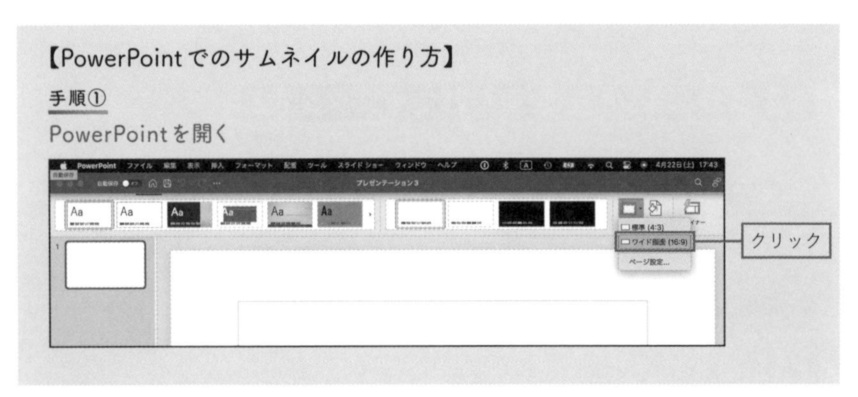

手順① PowerPointを起動して「ファイル」タブから「新規作成」をクリック。「デザイン」タブの「スライドのサイズ」をクリック。「ワイド画面（16:9）」に設定する。

手順② スライドを設定したら、画像やテキストを配置する。YouTubeのサムネイルでは縁文字がよく使われます。縁文字は「ワードアート」と「文字の書式設定」の「文字の輪郭」で「幅」を太くして作ることができます。

手順③「ファイル」タブから「エクスポート」をクリック。ファイル形式を「jpeg」で保存して完成。

PowerPointでは最初にひとつ作っておけば、それをコピーすることで次回からサムネイルの作成時間を大幅に短縮できます。

▶Canvaでサムネイルをカスタムする方法

PowerPointのソフトがパソコンに入っていない人もいるかもしません。そんな人にオススメなのが、「Canva」というウェブサービスです。スマホアプリで利用することができます。

Canvaにはあらかじめ YouTube サムネイルのテンプレートがたくさん用意されています。それを元にオリジナルのカスタムサムネイルを作ることができます。

手順① Canvaで「YouTube サムネイル」と検索すると、たくさんのテンプレートが出ます。気に入ったテンプレートを選択します。

手順② PowerPointと同様に画像やテキストを配置していきます。オリジ

ナルの画像は「ファイルをアップロード」からCanvaに読み込むことができます。縁文字は「テキスト」にあるテンプレートから選択します。

手順③「共有」をクリックして「ダウンロード」をクリック。ファイル形式を「jpeg」で保存します。

作成したサムネイルをアップするには、「YouTube Studio」をクリック。投稿動画の一覧より鉛筆アイコンの「詳細」から「サムネイルをアップロード」をクリック。アップしたい画像を選んで「保存」すれば完了です。

カテゴリやコメント設定など細かい仕様も必ず調整する

#隠れYouTuber

再生リストと視聴者層を設定する

サムネイルの設定が終わったら、次は細かい仕様を設定していきます。

①再生リスト

「再生リスト」は、自分の動画はもちろんのこと、YouTube上にある他の動画もまとめてリスト化できる仕組みです。再生リストにはタイトルや概要欄があり、共有リンクを発行できます。

再生リストを作るメリットは、視聴者にコンテンツを見つけてもらいやすくなることです。複数の動画を一気に視聴してもらえる確率が高まります。

なお、アップロード時に設定しなくても公開後に設定することもできます。再生リストの作り方については236ページで説明します。

▼再生リストの設定画面

再生リスト

動画を１つ以上の再生リストに追加します。再生リストは、視聴者にコンテンツを素早く見つけてもらうのに役立ちます。 詳細

こんな動画アップしてみた ▼

再生リストを作ることで視聴者に複数の動画を一気に見てもらえる可能性を高められる。

②視聴者層

未成年者へ適切な動画を提供するための設定項目があります。一般向けの動画の場合は「いいえ、子ども向けではありません」にチェック。YouTubeキッズなど子供向けの動画のときは「はい、子ども向けです」を設定します。

▼視聴者層の設定画面

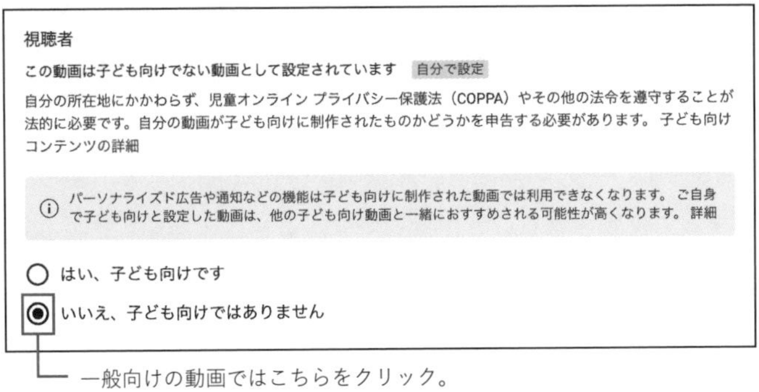

視聴者

この動画は子ども向けでない動画として設定されています　自分で設定

自分の所在地にかかわらず、児童オンライン プライバシー保護法（COPPA）やその他の法令を遵守することが法的に必要です。自分の動画が子ども向けに制作されたものかどうかを申告する必要があります。子ども向けコンテンツの詳細

ⓘ パーソナライズド広告や通知などの機能は子ども向けに制作された動画では利用できなくなります。ご自身で子ども向けと設定した動画は、他の子ども向け動画と一緒におすすめされる可能性が高くなります。詳細

○ はい、子ども向けです

◉ いいえ、子ども向けではありません

一般向けの動画ではこちらをクリック。

▶「コメントをすべて許可する」の設定がオススメ

「コメントと評価」の項目で、動画に対するコメントの設定を決められます。設定は次の５つのなかから選びます。

「コメントと評価」で選べる5つの設定

① コメントをすべて許可する
② 不適切な可能性があるコメントを保留して確認する
③ 厳しい基準を適用する
④ すべてのコメントを保留して確認する
⑤ コメントを無効にする

①〜④の設定では、書き込まれたコメントを「YouTube Studio」の「コメント」タブで確認できます。②と④の設定では保留という文言があるように、配信者が確認してからコメント欄に表示する設定です。

▼視聴者からのコメント欄

チャンネルを盛り上げるには、コメント欄を書き込めるようにしたほうがよい。

YouTubeはSNSです。いいコメント、悪いコメントに関係なく、盛り上がって動画が広まって視聴されることが重要です。収益化のためには、基本的には①の「コメントをすべて許可する」にしましょう。

「誹謗中傷のようなコメントが書き込まれたらどうすればいいの？」と思われるかもしれません。度を越えた誹謗中傷はYouTubeのコミュニティガイドライン違反ですから、YouTubeに申告して削除してもらうようにしましょう。ただ時間がかかりますので、どうしても表示に耐えられない書き込みがあったときはその動画を「非公開」の設定にします。

繰り返しになりますが、自由に意見を述べられるのがSNSの魅力のひとつです。自分の意に沿わない意見や低評価な書き込みに対しては、「見たよ！」という意味でハートマークをつけるのがテクニックのひとつです。

というのも、誹謗中傷のなかには正義感から忠告を行なうために書き込んでいる人も少なくありません。そのため、無視をしてしまっては「忠告を聞くことすらしない」と火に油を注ぐように怒る人がいます。

ハートマークをつけるだけで、相手は自分の意見を確認してくれたと感じることでしょう。それでも対応に窮するコメントには動画を非公開にしましょう。「よい内容の動画だったのに」と思ったら、またその動画はタイミングを見てアップすればいいのです。これくらい割り切る気持ちで運営するとコメントも怖くなくなります。

「カード」「終了画面」を使い分けて他の動画に誘導する導線を作る

▶上級者が使っている「カード」と「終了画面」とは

「カード」と「終了画面」についてお話しします。

YouTube動画の「カード」とは、動画の再生中にクリックできるURLを表示させる機能です。「終了画面」は動画の最後の部分でチャンネル登録ボタンや関連動画などに誘導することができる機能です。

どちらも上手に扱うことで、チャンネル登録や関連動画の視聴を促します。動画概要欄にURLを書き込むことでハイパーリンクを貼れると先述しましたが、「カード」と「終了画面」は動画再生中に直接表示されるのが大きな強み。より視聴者にアピールすることができます。

▼「カード」が表示されているシーン

「カード」は任意の時間に表示できる。視聴者を別の動画に誘導できる。

▼「終了画面」が表示されているシーン

「終了画面」は他の動画を見てもらうための仕掛けとして大切だ。

4種類のカード機能を効果的に使う

「カード」では、事前入力したテキストが動画の右上に表示されます。「カード」の最大の特徴はタイミングを狙って視聴者に告知できることです。表示は好きなタイミングに設定できるので、再生中の動画と連動した告知を効果的に行うことができます。設定した表示時間を過ぎると、テキストが消える代わりに、「i」マークが表示されます。「i」マークにカーソルを合わせると、視聴者にテキストが表示される仕組みになっています。

カードには4つの種類があります。

カードで使える4つの機能

① 動画
② 再生リスト
③ チャンネル
④ リンク

①と②は自身の動画や再生リストに誘導するだけでなく、他人の動画や再生リストのリンクを貼ることもできます。視聴者が見たくなるオススメ動画

を紹介することで、動画の情報量を増やす効果が期待できます。

③のチャンネルは他の動画チャンネルを紹介するときに使います。自身のサブ動画チャンネルなどに誘導してもよいでしょう。ただ、自身の動画チャンネルへの誘導は、後述する「動画の透かし」機能を使うのがオススメです。

④は総再生時間が直近の12 カ月間で 3000 時間以上、かつチャンネル登録者数が 500 人以上で使用できるようになります。ただ、YouTubeが認定しているサイトやYouTubeから確認を取ったリンクしか設定できませんので、あまり活用できないでしょう。

それではカードの設定方法を説明していきましょう。

手順①「YouTube Studio」→「コンテンツ」→「動画」→「詳細」→「カード」をクリックすると、カード設定の画面が表示されます。

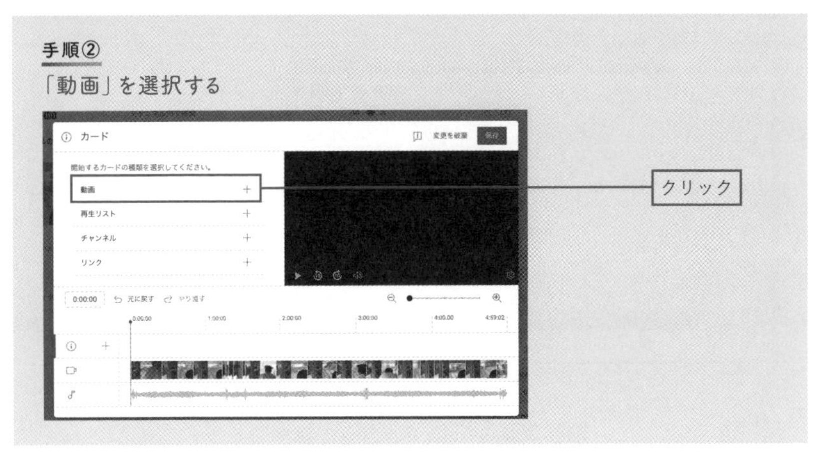

手順② タイムラインでカードを表示したい位置に時間を合わせます。左側にある「i」をクリックして、「動画」「再生リスト」「チャンネル」のいずれかを選択します。ここでは動画を設定します。

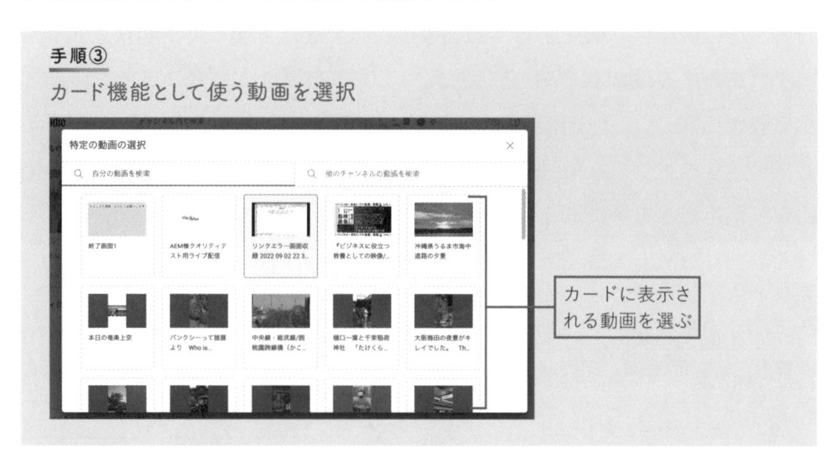

手順③「特定の動画の選択」に切り替わります。「自分の動画を検索」が選ばれて、動画が表示されるので、カード機能として使いたい動画を探して選択します。他の動画チャンネルの動画を選択したいのであれば、「他のチャンネルの動画を検索」にキーワードを入れます。もし動画が特定できていれば、その動画の共有リンクを入れましょう。

手順④ 動画カードの設定画面に移ります。「動画カード」に表示されるタイムコードで、開始時間を微調整できます。

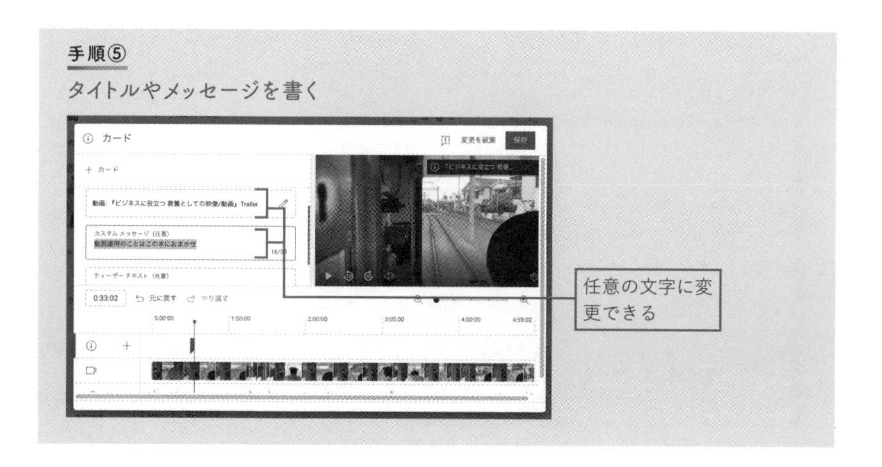

手順⑤「動画：タイトル」が表示されている部分は任意のテキストに変更可能です。「カスタムメッセージ」は、カードをクリックしたときに動画のサムネイルの下に表示する文章のことです。クリックしたくなる煽る文言などを書き込むとよいでしょう。

手順⑥ 動画にオーバーレイで表示される「ティザーテキスト」は、タイトルに優先して表示されます。「この内容の詳細はこちらの動画に」といったような文章にして誘導を狙います。

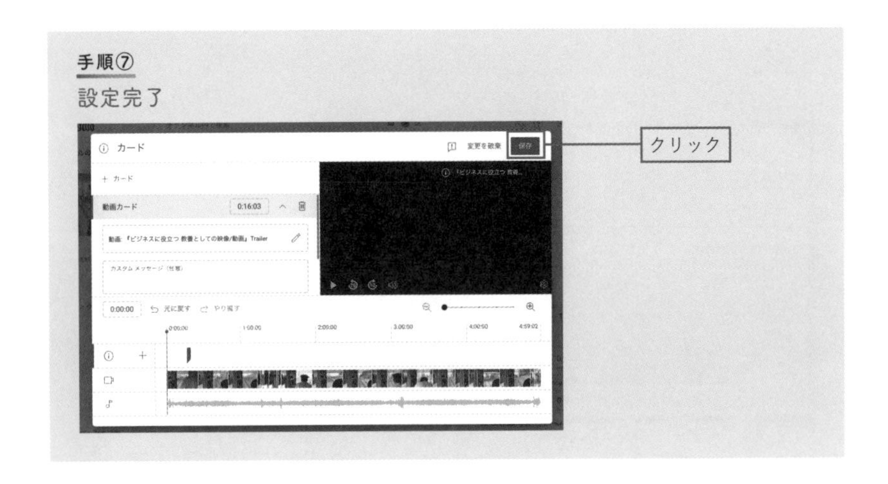

手順⑦ 最後に右上の「保存」をクリックして、カードを設定します。カードは何個でも設定できます。なお、カード機能に対応していない端末のバージョンによっては表示されないこともあります。そのため、視聴者全員が閲覧できるとは限りません。

▶動画を見終わった視聴者に「終了画面」でダメ押しする

「終了画面」では、動画の最後に他の動画のサムネイルやチャンネル登録のアイコンを表示します。動画を見終わったあとですから、気持ちも昂（たかぶ）っていますし、なにより次に見る動画のことを考えていますよね。視聴者に自分の動画を売り込むにはジャストタイミングなのです。

「終了画面」は動画の最後の部分に表示されます。ただし、再生している動画に思いっ切りオーバーレイ（＝重なる）するため、動画が見づらくなるという側面があります。そのため、終了画面用の動画を作っておくことを私はオススメします。

制作した終了画面用の動画を動画編集のときに動画の後ろにつなぎ合わせれば、動画の内容を邪魔することはありません。

終了画面の設定方法は次の通りです。

【終了画面の設定手順】

手順①

終了画面の設定画面を開く

手順①「終了画面」をクリックすると、終了画面設定の画面が表示されます。

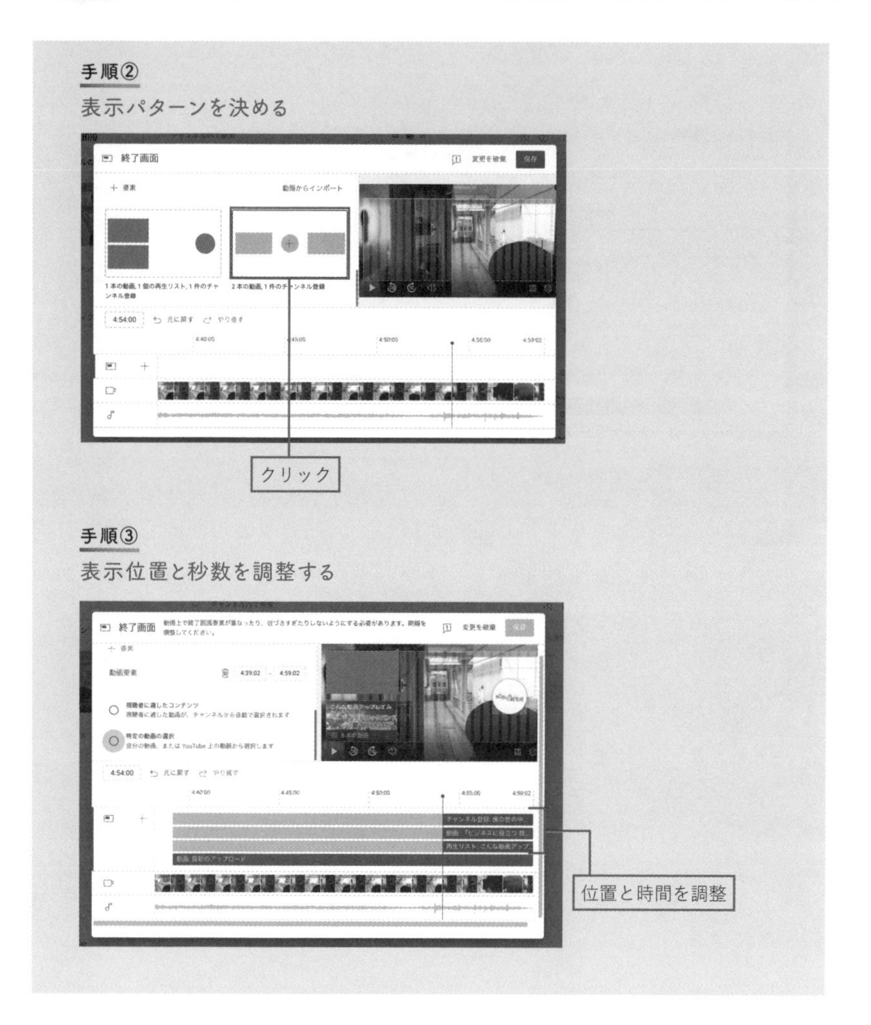

手順②「＋要素」から表示パターンを選択します。「2本の動画、チャンネル登録」のパターンを決めて制作できます。ここでは「1本の動画、1本の再生リスト、チャンネル登録」を選択します。

手順③ デフォルトでは20秒で指定した要素が表示されます。秒数と表示位置を設定します。次に、表示する動画の選択を「動画」で設定します。タイムラインの「動画」をクリック。「最新のアップロード」「視聴者に適したコンテンツ」から、YouTubeが自動的にコンテンツを選んで表示します。「特定の動画選択を選ぶ」から好きな動画を選択することもできます。

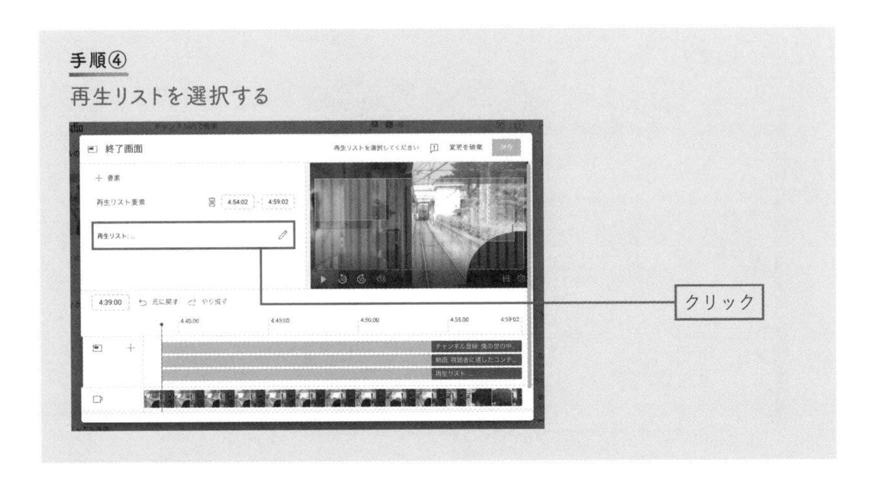

手順④ 表示する再生リストの選択は「再生リスト」をクリックします。「再生リスト」の右側にある鉛筆ボタンをクリックすると、「特定の再生リストを選択」が表示されます。自身の動画の再生リストしか表示されませんが、検索にキーワードか共有リンクを入力すれば、他の動画チャンネルの再生リストを選択できます。最後に、右上の「保存」をクリックすると、設定した終了画面が反映されます。必ず動画を再生してチェックしてみましょう。位置やタイミングがズレていたら、微調整します。

なお、終了画面もカードと同じように、端末のバージョンなどによっては視聴者には表示されないことがあります。

▶「動画の透かし」機能でチャンネル登録者を増やす

先述したように、動画再生で自分の動画チャンネルへ誘導するのに有効な「動画の透かし」という機能があります。

「動画の透かし」とは、YouTubeで動画を再生する際に動画の右下に表示されるロゴをクリックすると、チャンネル未登録者にチャンネル登録ボタンを表示する仕組みのことです。「動画の透かし」は動画ごとの設定ではなく、チャンネル全体で設定します。そのためチャンネルにアップされている全ての動画に表示反映されることになります。

「動画の透かし」は「YouTube Studio」で設定します。

「カスタマイズ」→「ブランディング」→「動画の透かし」→「アップロード」という手順でアイコンに設定したい画像をアップロードします。

透かしに使える画像は150 × 150 pixの画像で1 MB 以下の PNG、GIF(アニメーションなし)、BMP、JPEG ファイルが条件です。

▼「動画の透かし」機能が表示されている画面

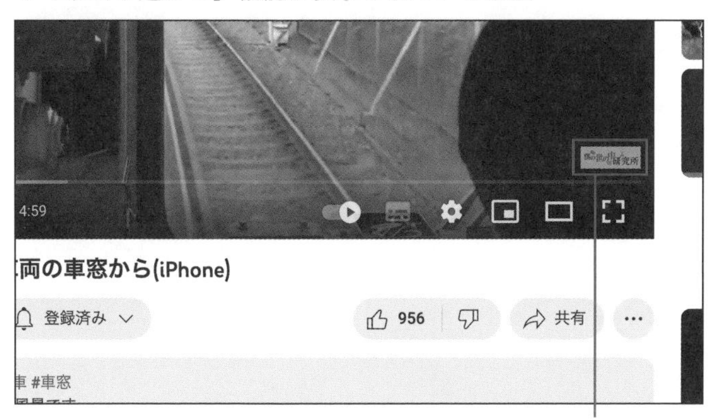

再生画面の右下に小さく表示される「動画の透かし」機能。
これによって、視聴者をチャンネルページに誘導できる。

▼「動画の透かし」の設定画面

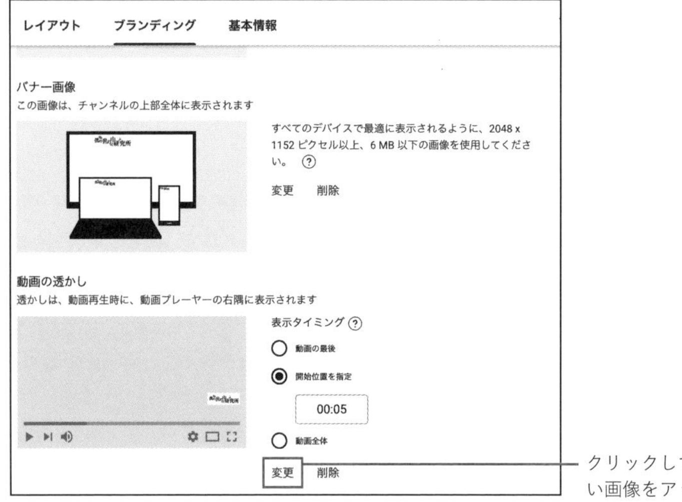

クリックして表示したい画像をアップロードする

チャンネルアートのカスタム＆再生リストの作成で検索に強くする

れ YouTuber

隠れ YouTuber

▶YouTubeが推奨している設定に対応する

これまでにいくつか説明しましたが、YouTube動画を投稿するにあたって、YouTube側が推奨している事項があります。それらは取り組んでおくことをオススメします。

なぜなら運営者であるYouTubeが勧めることにきちんと対応することが、検索結果や関連動画＆オススメ動画の表示などに有利に働く仕組みになっているからです。

運営者であるYouTubeは動画サイトを充実させるために、推奨事項を設ける代わりに実行してくれたユーザーにはメリットを提供しているというわけです。

▶チャンネルをブランディングしよう

初心者の人はついつい動画の設定ばかり気にしてしまいますが、YouTubeはチャンネルの設定＝ブランディングを推奨しています。チャンネルのアイコンやバナー画像の設定、基本情報を入力することで再生回数のアップが期待できるため、忘れずに対応しましょう。

チャンネルのブランディング方法は次の通りです。

【チャンネルの設定手順】

手順①

ブランディングページを開く

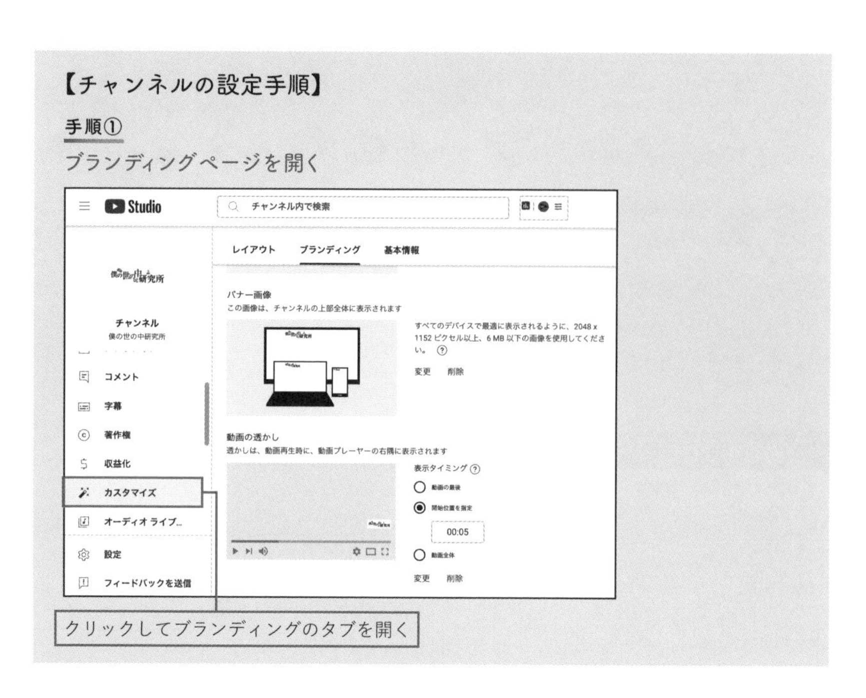

手順①「YouTube Studio」から「カスタマイズ」タブをクリックし、「ブランディング」タブをクリックします。

手順②

写真を設定する

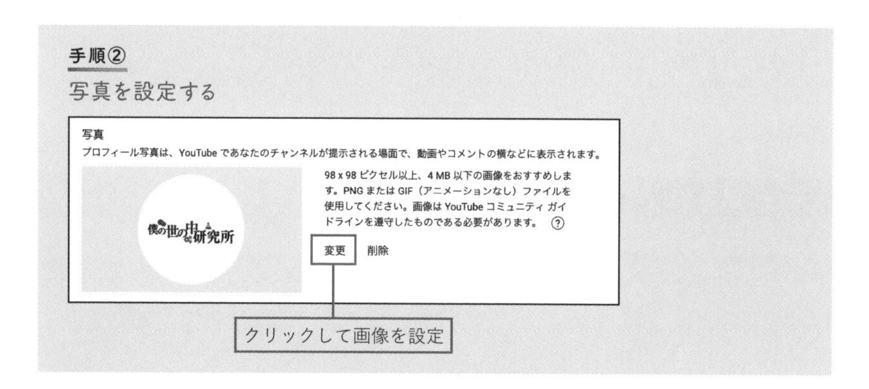

手順② チャンネルアイコンになるプロフィール画像を設定。画像は98×98 pix以上でデータサイズは4 MB 以下が推奨されています。ファイル形式はPNG、GIF（アニメーションなし）です。

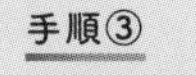

バナー画像を設定

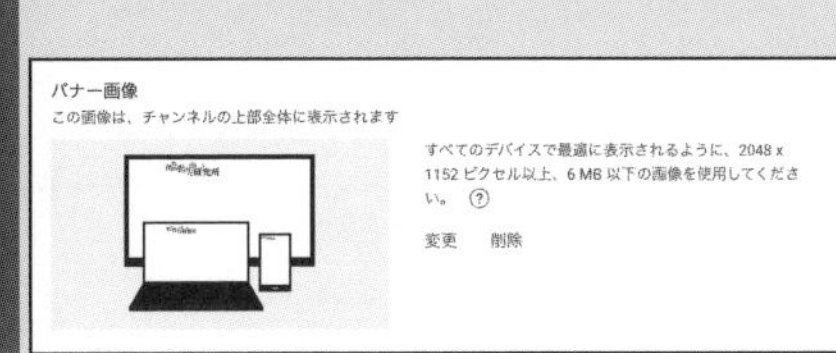

スマホでの表示を意識して画像を設定

手順③ バナー画像は、動画チャンネルの内容をイメージさせる役割があります。画像は2048 × 1152 pix以上でデータサイズは 6 MB 以下。ファイル形式はjpg、PNG、GIF（アニメーションなし）です。

バナー画像はテレビ、パソコン、タブレット、スマホによって画像の使用領域が異なります。スマホが一番小さい領域になるので、一番大きい使用領域のテレビ（2048 × 1152 pix）に合わせると、パソコンやスマホではデザインが途中で切れたりする場合があります。スマホでの表示を意識するといいでしょう。なお、Canvaにある YouTubeバナーのテンプレートを利用するのもいいでしょう。

▶基本情報もしっかり対応しよう

続いて、「基本項目」のタブをクリックして、次の 4 つの項目を設定していきます。

① チャンネルの設定

チャンネル名は幅広い企画に対応できるようにしましょう。「木村チャンネル」のように動画のジャンルを限定しないチャンネル名が最初は運営していきやすいです。

▼チャンネルのカスタマイズ画面

名前は62ページで解説したように、まずはジャンル名を限定しないようにするのがオススメだ

②アカウントの設定

2022年の秋に導入されたハンドルの設定です。ハンドルはチャンネル名とは別に設定されるチャンネルごとの名前（識別名称）です。「@」から始まる英数字になります。

ハンドルはYouTube上で他の人との重複はNGです。設定したいハンドル名は早い者勝ちになります。YouTubeショートでもハンドル名が表示されるようになっており、今後使う場面が増えてくることが予想されますので、早めにハンドルを設定しましょう。

③説明の設定

YouTubeではチャンネルも検索対象に入ります。よりYouTube利用者に検索されるためには、チャンネル説明を入力しておく必要があります。作り方は198ページで述べたように動画の概要欄と同じです。

▼チャンネルの説明の設定画面

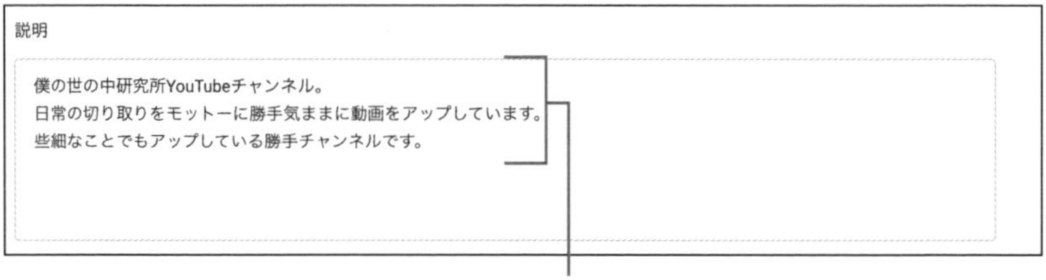

上記のように投稿している動画内容を入力する

④リンクの設定

チャンネルには、他のブログやSNSなどのリンクを設定できます。タイトルとURLが概要欄に表示されるので、「1分で作れる簡単ズボラ飯Instagram」のように具体的に設定するようにしましょう。

▼リンクの設定画面

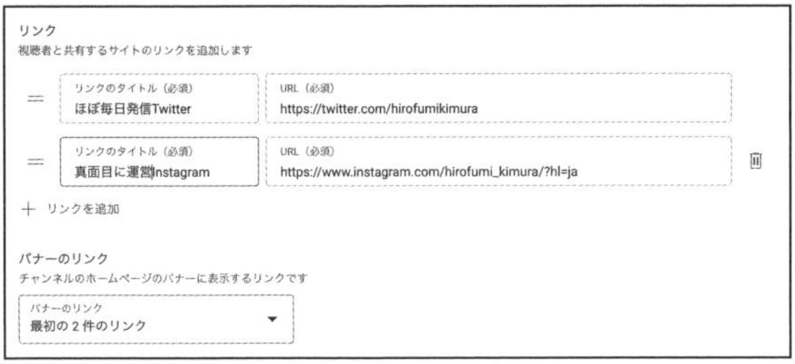

リンク
視聴者と共有するサイトのリンクを追加します
リンクのタイトル（必須）
ほぼ毎日発信Twitter
URL（必須）
https://twitter.com/hirofumikimura
リンクのタイトル（必須）
真面目に運営Instagram
URL（必須）
https://www.instagram.com/hirofumi_kimura/?hl=ja
＋ リンクを追加
バナーのリンク
チャンネルのホームページのバナーに表示するリンクです
バナーのリンク
最初の2件のリンク

誘導したいSNSのリンク先を設定することで、視聴者が増えるなど相乗効果が見込める。

▶再生リストとセクションで見やすいトップページを作る

本章の最後では、YouTube動画のチャンネルのトップページの設定方法を説明します。チャンネル内の動画をわかりやすく表示したり、人気の動画の再生回数をさらに伸ばしたりする効果を狙います。

まず、トップページに12個までコンテンツの区切り（セクション）をつけてわかりやすく表示できるようにする仕組み「セクション」を設定します。「再生リスト」と組み合わせることで見栄えのいいトップページができます。

「再生リスト」の作り方から説明していきましょう。

【再生リストを作る手順】

手順①

再生リストページを開く

Studio チャンネル内で検索 作成

動画をアップロード
ライブ配信を開始
投稿を作成
新しい再生リスト
新しいポッドキャスト

チャンネルのダッシュボード

最新の動画のパフォーマンス

新しいクエスト

今日はこのチャンネルの誕

チャンネル

クリック

手順①「YouTube Studio」の右上にある「作成」をクリックして「＋新しい再生リスト」をクリックします。

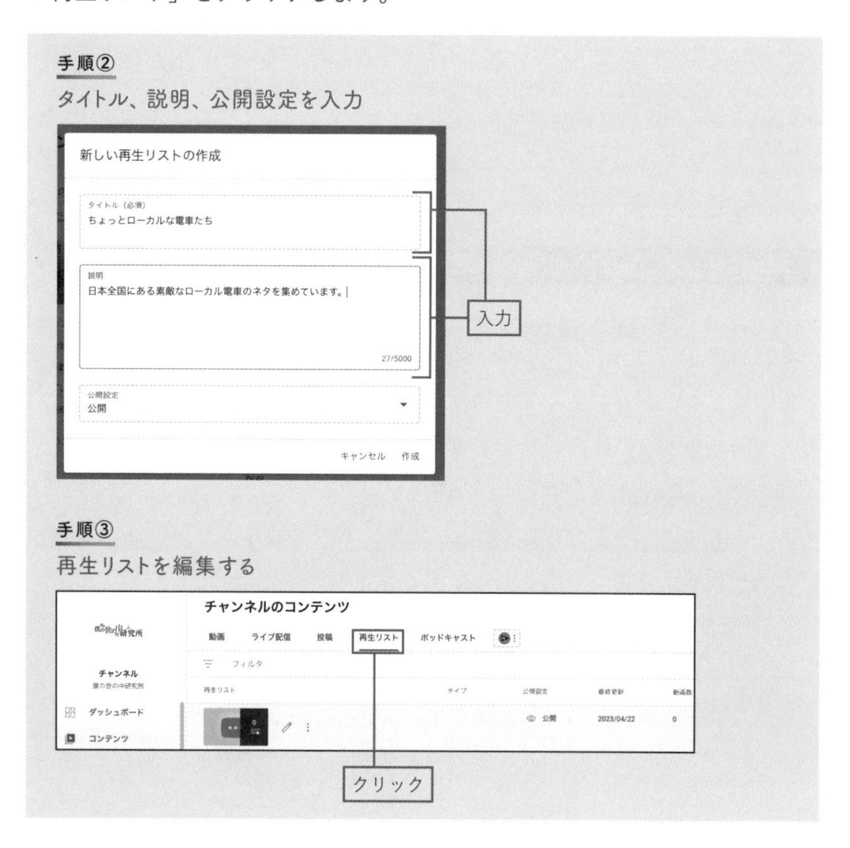

手順② 再生リストのタイトルと説明を入力して、公開設定を選びます。公開設定では再生リストも検索の対象になります。設定作業中は「限定公開」にして、作成をクリックします。

手順③「コンテンツ」をクリックして「再生リスト」をクリック。動画を追加したい再生リストにカーソルを持っていくと、「編集」に鉛筆のアイコンが表示されますのでクリックします。

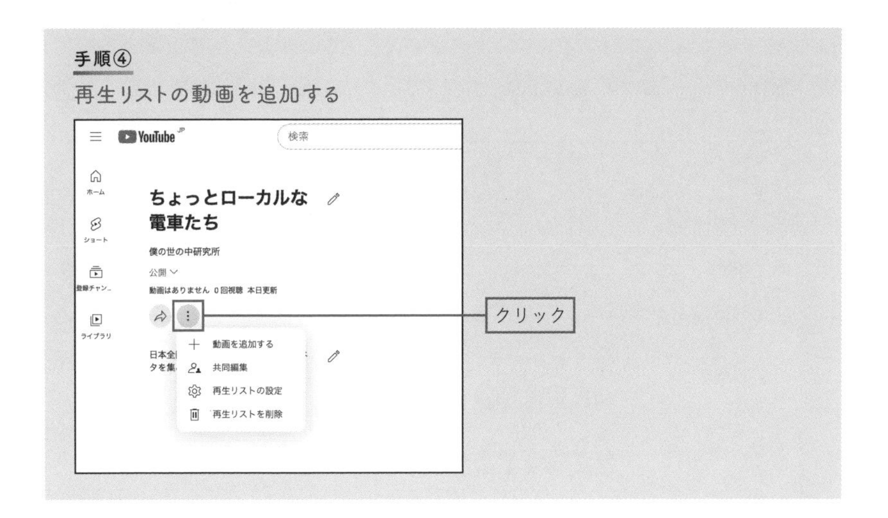

手順④
再生リストの動画を追加する

手順④「：」をクリック。「＋動画を追加する」をクリックします。「再生リストへの動画への追加」が表示されて、マイチャンネルとして自分の動画が表示されます。

手順④の作業を繰り返して再生リスト内に動画を追加していきます。追加した動画は動画の左側にある番号の部分にカーソルを持っていくと、カーソルから手のアイコンに変わります。ドラックしたまま動画を上下に動かすことで順番を入れ替えることができます。再生リストは自動保存されます。

▶セクションを作ってチャンネルページを充実させる

続いて、「セクション」を設定していきます。

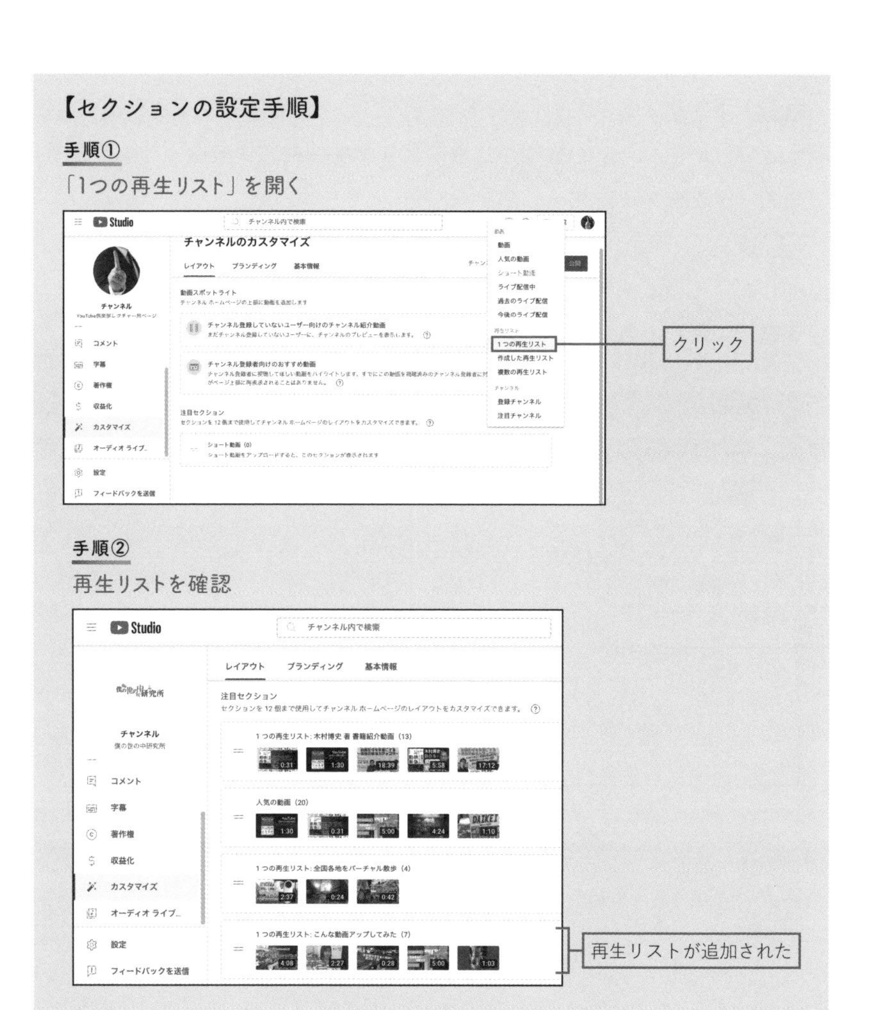

手順①「YouTube Studio」の「カスタマイズ」タブをクリック。「レイアウト」の「注目セクション」で「セクションを追加」をクリックし、「1つの再生リスト」をクリックします。表示された「追加したい再生リスト」を選択します。

手順②追加された再生リストがリストの最下部に表示されます。セクションには再生リストだけでなく「人気の動画」や「ライブ配信中」「ショート動画」などのセクションがあります。これらを12個まで設定することができます。

最後に右上の「公開」をクリックするとトップページにセクションが反映

されます。

なお、見せたい動画が増えてきたら、セクションを「1つの再生リスト」から「複数の再生リスト」に切り替えましょう。再生リストを動画のように並べられるので、検索しやすいページになります。

本章では動画のアップロードの設定について説明してきました。

YouTubeはチャンネル登録者や再生回数などファンを増やすために取り組んだほうがよいことを掲載しています。

YouTubeヘルプにある「動画に関するヒント」のコンテンツなどに掲載されており、更新頻度も高いです。ぜひ、今後はこまめにチェックすることをオススメします。

「動画に関するヒント」はこちら
https://support.google.com/youtube/answer/12931897

毎月3万円以上を稼ぐためにするべき2つのこと

毎月３万円は副収入として十分な額です。新しい趣味を始めることだってできるでしょうし、人によっては自分の好きな分野にお金をかけられるようになるでしょう。

SEO対策を中心にお話を進めてきましたが、本章の最後では毎月３万円以上を稼ぎたい人のために取り組むべきノウハウをお伝えします。

▶お金をかけて企画にスケールを出す

毎月３万円の収益が得られているということは、チャンネル登録者はおそらく5000〜３万人程度になっていることでしょう。

そこで、まず考えたいのは既存のチャンネル登録者を満足させることです。

チャンネル登録者や再生回数が伸びてくると動画に変化が求められます。

YouTubeから収益を得て、さらに毎月３万円の収益を稼げていることから、企画や撮影、編集といったそれぞれのスキルはYouTubeの動画投稿を始めたころと比べて、かなり上達しているはずです。ここからは、企画や撮影、編集のスキルをさらに磨くのではなく、別のアプローチでチャンネルを盛り上げていくことを考えます。

最も効果的な方法のひとつが、YouTubeから得た収益の一部を動画の制作費に費やすことです。多少の製作費をかけることで、これまでに実現できなかった企画を動画にすることができるようになります。

収益から制作費に回す割合は、収益の30%が目安です。30%を超えると、そもそもの収益によって得られる満足感が減ってしまう可能性があるためです。

制作費をかける企画のポイントは視聴者に疑似体験してもらうことです。普段の生活ではなかなか体験できないことを動画で再現するのです。

たとえば、次のような企画が該当します。

- 超豪華な寝台列車で贅沢旅をしてみた
- 幻の食材を使用した珍味料理を作ってみた
- 飛行機と船を乗り継いで丸１日かけてたどり着いた絶景ポイント
- 年末年始のブランド福袋を購入して開封してみた
- 超レアなキャラクターをゲットするまでトレーディングカードを購入してみた

これらは収益化する前や収益が毎月３万円以下の状態では取り組めなかったはずです。お金をかけた企画はそれだけ他チャンネルの動画との差別化につながります。企画のスケールが大きくなることで、さらなるファン獲得を期待できるでしょう。

▶ひとりで制作する体制からチームで動画を作る

稼ごうとする金額が増えるにつれて、作業量も増えるのではないかと思われるかもしれませんが、安心してください。毎月３万円を稼いでいるときの作業量をキープしつつ、より収益を伸ばしていく方法があります。

それは作業の「分業化」です。

分業化とは今まで自分ひとりで行っていたことをチーム制で作業するようにすることです。つまり、すべての作業をひとりで行うのではなく、それぞれの作業に特化した人員を雇って効率的なチャンネル運営を目指すのです。最初は気心の知れた知人や家族とでも大丈夫。そもそも一人でやってたことが二人でとなるわけですから単純に作業が２分の１になります。

ただ、人数が増えればそれだけ自分の収益も減るはずですので、まずは少ない人手でチーム化を試みましょう。

とくに撮影や編集などはプロのクリエイターが比較的多くいる分野なので、分業化しやすいといえるでしょう。実際、世のなかには副業クリエイターと呼ばれる人がたくさんいます。「ココナラ」や「ランサーズ」といったクリエイターマッチングサイトを利用することで、簡単に副業クリエイターを見つけられることができます。

大切なのは分業化による費用配分です。下記が外注化の費用の目安です。

企画作成〜台本作り：1本1000円〜
撮影作業：1本5000円〜
編集作業：1本5000〜3万円
サムネイル作成：1枚3000〜4000円
YouTubeアナリティクス分析と公開設定の修正：1000〜5万円

作業相場は言い値のところや内容によって異なってくるため、妥当な金額は判断がつきにくいところはありますが、上記の相場を目安にして比較的安い副業クリエイターを見つけられるといいでしょう。

また、TwitterなどのSNSで知り合った人に外注をお願いすることもできます。あくまで自己責任とはなりますが、ダイレクトメッセージ機能などを使って交流を深めて、作業を依頼するといいでしょう。

第6章の本筋とは少し話がズレてしまいましたが、毎月3万円以上の高額な収益を得るためのノウハウをお伝えしました。必ずしもこの通りに進めなければいけないというわけではありませんが、実際にチャンネル登録者が増えるにつれて、①企画のスケールを出す、②作業を分業化してチームを作る、といった方法は多くの有名なチャンネルで用いられています。毎月3万円以上を目指したい人はぜひチャレンジしてみてください。

Column ④

この「隠れYouTuber」に聞く！

顔出しなし × スマホだけ の“リアルな実情”

隠れYouTuberのなかには毎月３万円以上を稼ぐ人も少なくありません。登録者10万人超えの人気チャンネルに動画制作の裏側を教えてもらいました。

＼ このチャンネルにお話を聞きました！ ／

チャンネル名：『離婚してひとり暮らし＊ボッチ主と猫の孤独生活』

お名前：主と猫さん
チャンネル登録者：10.1万人
動画総再生数：3426万5282回
（2023年6月16日時点）

夫の暴力に耐えかねて離婚したアラサー女子が、猫２匹との生活を動画にして投稿するチャンネル。自身の生活を赤裸々に語る内容で多くの視聴者から支持を集める。

人気の秘密は、「顔出しなし」でも視聴者を大切にする姿勢

主と猫さんは夫からのDVに耐えかねて離婚を決意した頃にYouTubeで動画投稿をスタート。自分の抑えきれない辛い想いを赤裸々に語るほか、２匹の猫との飾らない日常を記録した動画が人気を呼び、現在はチャンネル登録者10万人を突破。顔出しなしでここまでの数字を実現した主と猫さんにお話を聞きました。

――YouTubeをスタートしたきっかけが、ご自身の辛い体験だったそうですね。

夫からのDVに悩んで離婚を決意するなかで、辛い気持ちを吐き出して、同じような境遇で苦しんでいる人たちとつながれる場所を探していました。趣味で動画編集をした経験があったものですから、私にとってYouTubeで動画を投稿することはある意味で自然な流れでした。

なので、当初は副収入を目的としていたわけではなく、“人とのつな

がり”をYouTubeに求めたのがきっかけだったんです。

――主と猫さんの動画内容は、見ていてとても癒やされます。なにか心がけている点はあるのでしょうか。

ありがとうございます。基本的には投稿している動画は私の日常生活そのままなんです。買い物に行ってカフェでお茶をする。家に帰ったら食事を作る。そして、２匹の猫との触れ合いを入れるという感じです。

そのうえで、人生をやり直している等身大の自分、これからどう生きればいいのかわからないモヤモヤした気持ちといったことを語ることで「共感」を得られているのではないでしょうか。この本でも書かれていますが、「共感」というキーワードはYouTube動画を作るうえで大切だと思います。

――撮影のときに大切にしているポイントがあれば教えてください。

撮影するときにもう編集の流れをイメージしながら撮っています。

たとえば、買い物のシーンを撮影していたら、「これは料理のシーンの前に入れよう」といった感じです。当たり前のことだと思われるかもしれませんが、動画の完成をイメージして制作すると無駄な作業もなくなって効率的に進められると思います。

２匹の猫たちには無理になにかをさせようとすることはなく、自然に撮れた動画を使っています。なので猫たちの映り込みが少ない動画もあって、「今日は猫ちゃんたちがあまり映ってないですね」ってコメントをいただいちゃいます（笑）。

視聴者さんのなかには、動物のことを心配してくださる人も少なくないので、誤解を招きそうな部分は最初から脚注を動画に入れるようにしています。生き物を扱う動画なので、強く注意しているポイントのひとつです。

――撮影の機材などは使い分けていたりしますか？

自宅ではコンパクトデジタルカメラで撮影しています。背の高いタイプと低いタイプの三脚を持っていて、状況に応じてコンパクトデジタルカメラを取りつけて撮っています。

屋外では手軽なスマホが活躍しています。実際にやってみてわかると思うんですが、堂々として恥ずかしがらないことが大切です。いまはInstagramやTikTokなどスマホで動画を撮影している人は珍しくありません。自分を撮影している人がいても案外周りは気にしないものです。

――現在は月に２本くらいのペースで動画をアップされていますね。

YouTubeを通じて人とつながりたいという気持ちがベースなので、

自然と月に２本ぐらいの投稿頻度が私に合っていると感じています。

その代わりというわけではありませんが、視聴者さんとのコミュニケーションを私は大切にしています。いただいたコメントはすべてチェックしていますし、できる限りお一人ずつにコメント欄上で返信するようにしています。

――主と猫さんのそういった姿勢が伝わっているのでしょう。視聴者さんからのスーパーサンクス（＝投げ銭）が目立ちますね。

結果的にではありますが、スーパーサンクスをいただくことはしばしばあります。視聴者さんとの「共感」を大切にしたからこそなんだと思ってとても嬉しく感じています。

動画を見て「共感」を抱いていただければと思っていたのに、私が励ましやアドバイスをいただいたりして……。YouTube動画の投稿で得られるのはお金だけではなく、「人の優しさ」もあるということはぜひ知ってほしいですね。

――動画の内容がセンシティブなだけに、身バレ防止にはかなり気を使っているのではないでしょうか。

はい、私がYouTubeをやっていることは会社だけでなく、友人や家族にも知らせていません。

ありのままの自分をさらけ出すといっても身バレにつながる撮影には気をつけています。たとえば家の近くのお店や公園などは映さないことはもちろん、撮影時の洋服にも注意しています。あまり、特徴的な服装で撮影すると身バレの可能性が高まるからです。

また、女性は髪型も気をつけたほうがいいと思います。リアルな生活と動画のなかでは、髪型を意識的に変える工夫があったほうが本人だと特定されづらいと思います。

――最後に読者の皆さんにアドバイスをお願いします。

悩む前に行動しようというのが私からのメッセージです。自分にとって辛い経験であっても、それを動画として発信することで、「自分だけじゃなかったんだ」って思ってくれる人がいる。自分にとっても、視聴者さんにとっても有意義なコンテンツになるはずです。

『離婚してひとり暮らし＊
ボッチ主と猫の孤独生活』
チャンネルはこちらから

https://www.youtube.com/
@nushitoneko

おわりに

本書を最後までお読みいただきありがとうございます。

序章でも述べましたが、YouTube市場の規模は膨らむばかりです。

今後もその流れは間違いなく続くでしょう。

近年は少額投資非課税制度の「NISA」が注目を集め、個人型確定拠出年金の「iDeCo」、お得な返礼品がもらえる「ふるさと納税」など貯蓄に役立つ制度を使って資産を増やす人が増えました。ただ、上記はお得な制度であることには間違いないものの、制度を利用するにはある程度の資金が必要となります。生活の余裕のある人であれば問題ないでしょうが、そもそもその資金すら準備できないという人もいるでしょう。

一方で副業というとさまざまな種類がありますが、大きなリスクを伴ったり、時間に対する報酬が低かったりなどなかなか魅力的な選択肢に出会えなかった人がいらっしゃることでしょう。そこで、本書で私がオススメしたのが「顔出しなし」&「スマホだけ」で動画投稿する隠れYouTuberです。

オススメする理由はもう皆さんはすでに理解されているはずなので、ここでは述べません。

ただ、ひとつ皆さんにお願いがあります。

ぜひ、本書を閉じたら、まずはブランドアカウントでYouTubeのチャンネルを作ってください。そして、1本の動画を投稿してください。

何事も行動することが最も大切です。おそらく、実際にYouTube動画を制作、投稿するなかで疑問や壁にぶち当たることでしょう。そのときはぜひ本書を開いてお読みになってください。きっと解決のヒントが見つかって、自信を持って運営できるようになるはずです。

本書が常にあなたのそばにあれば、著者としてこれほど嬉しいことはありません。

インプリメント株式会社　取締役社長　クリエイティブディレクター

木村博史

著者紹介

木村博史（きむら・ひろふみ）

インプリメント株式会社 取締役社長（COO）

1971年兵庫県生まれ。クリエイティブディレクター、テレビプロデューサー、日本ペンクラブ会員。マーケティングメソッドを駆使した動画制作に定評があり、個人事業主から大手グローバル会社まで幅広く広告動画制作をサポートする。近年は、芸能人や企業などのYouTubeチャンネルをコンサルティングする業務に力を入れている。著書にYouTubeの運営から撮影、編集方法までをまとめた『改訂 YouTube 成功の実践法則60』（ソーテック社）、ビジネスにも活用できる映像技術を詳細に解説した『ビジネスに役立つ 教養としての映像／動画』（主婦の友社）などがある。

本文イラスト／矢古宇由美子

スマホだけ×顔出しなし
隠れYouTuberで毎月3万円を稼ぐ　〈検印省略〉

2023年 8 月 26 日 第 1 刷発行
2024年 11 月 14 日 第 8 刷発行

著　者――木村 博史（きむら・ひろふみ）
発行者――田賀井 弘毅

発行所――株式会社あさ出版

〒171-0022 東京都豊島区南池袋 2-9-9 第一池袋ホワイトビル 6F
電　話 03 (3983) 3225 (販売)
03 (3983) 3227 (編集)
F A X 03 (3983) 3226
U R L http://www.asa21.com/
E-mail info@asa21.com
印刷・製本 （株）光邦

note http://note.com/asapublishing/
facebook http://www.facebook.com/asapublishing
X http://twitter.com/asapublishing

ISBN978-4-86667-517-6 C2034